AF576219

Física

de la Escalada

de la teoría a la práctica

Física de la Escalada

De la teoría a la práctica

Edición e impresión por Books on Demand GmbH
info@bod.com.es - www. bod.com.es
Impreso en Alemania – Printed in Germany

ISBN: 978-84-09-15753-2

A mi pequeño Eneko

ATENCIÓN:

Antes de comenzar a practicar los contenidos contemplados en la obra que está en sus manos, ha de conocer que la escalada en roca, en hielo y en general el alpinismo, son actividades deportivas que se desarrollan en un medio natural y son por ello potencialmente peligrosas.

Se deben entender y aceptar los riesgos que conllevan tales actividades antes de tomar parte en ellas. Cada practicante es responsable de sus propios actos y decisiones independientemente de su experiencia, habilidad, conocimientos técnicos y teóricos, o cualquier otra condición, que no le exoneran en modo alguno de tal responsabilidad.

Para practicar en terreno real las instrucciones contenidas en esta obra, se recomienda encarecidamente al deportista que las lea con atención y complemente su lectura con cursos de especialización impartidos por profesionales cualificados. Puesto que el asesoramiento presencial de un profesional es infinitamente más rico que la mera lectura y comprensión de maniobras que potencialmente ponen en riesgo al deportista.

Para ello remitimos a todas aquellas personas interesadas, a la **Asociación Española de Guías de Montaña** (www.aegm.org) o a las empresas que impartan dichos programas de formación, como es la **Compañía de Guías de Jaca** (www.guiasdejaca.es).

ÍNDICE

PETZL

1.- INTRODUCCIÓN

El conocimiento de los nudos y las maniobras que normalmente utilizamos para escalar en roca han ido traspasando generaciones través del boca a boca y de la experiencia de los escaladores más veteranos. Se hacen cursos de formación, se leen a veces las instrucciones de los fabricantes adjuntas a los aparatos utilizados y se compran revistas y libros sobre técnica. ¿Pero, se comprende realmente cuál es la base científica de estas técnicas?

Porque los fabricantes sí tienen en cuenta, y mucho, los fundamentos físicos o científicos de los aparatos que usamos en nuestras escaladas; cuánto frenan los dispositivos de aseguramiento, cuánto resisten los mosquetones o cómo de graves pueden ser las caídas que puede soportar una cuerda antes de recomendarnos que dejemos de usarla.

Pero no todos los esfuerzos de las empresas que venden material de montaña están centrados en el aspecto del fundamento físico o mecánico. También estudian el deterioro químico de los materiales textiles, como las cintas express, el arnés o la cuerda, para aconsejar el tiempo de vida útil o la caducidad de estos materiales.

Todo ello lleva involucrada una base científica, que tiene siempre dos partes bien diferenciadas: Una teórica, sobre la cual se diseñan los materiales con los que escalamos, y otra empírica o tecnológica, en la que los fabricantes testean sus productos para que pasen estrictos controles de calidad.

Habitualmente se intenta comprender el proceso inverso, es decir, nos preguntamos el por qué. Porqué aguanta la cuerda, por qué se rapela de esta u otra forma, por qué escalar un tipo de vías con cuerda simple y otras con cuerda doble, etc…

Pero también hay trasfondo no solo teórico en cuanto a fundamentos físicos, sino de lógica matemática. Es aquí donde las ciencias exactas, explican otro gran conjunto de porqués.

Quizá el porqué más interesante de todos es que, la escalada como actividad que trata de resolver problemas; la lógica de la vía, los sistemas de absorción, la redundancia, etc.., resulta que cada uno de esos problemas, a priori, se puede pensar que no tienen una solución única. ¿Por qué?

Es evidente que la escalada no es una ciencia exacta desde el punto de vista de que cada escalador adopta soluciones totalmente diferentes a un mismo problema, y que muchas de ellas no están basadas en principios de lógica matemática, sino de otro tipo de lógica que podríamos llamar "lógica subjetiva"; como es la experiencia, la intuición u otras. Y es ahí donde radica la belleza de este deporte.

Tampoco podemos olvidar que no todo es física, química o matemáticas, hay otras ciencias asociadas que no se pueden desdeñar. La gestualidad por ejemplo puede estudiarse a través de la biomecánica, o la geología nos ofrece pistas no solo del origen de las paredes en las que escalamos, sino también sobre la resistencia y calidad de la roca.

Además están las ciencias sociales tales como la didáctica o la pedagogía, importantísimas para adentrarnos en este fabuloso mundo. Gracias a ellas aprendemos maniobras y técnicas de las que nos acordaremos toda la vida, y gracias también a buenos y buenas profesoras de escalada desarrollaremos nuestra actividad deportiva durante toda la vida con las garantías de seguridad necesarias.

A la hora de ponerse a escalar, la caída es algo que tenemos siempre muy presente. Una caída de escalada es algo sencillo de entender desde el punto de vista intuitivo; siempre pensamos que cuanta menos distancia te caigas mejor. O también evitar caer sin haber puesto el primer seguro, ya que con ello se evita el temido "factor 2" de caída.

Y por poner otro ejemplo, comprendemos que asegurar con un aparato estático como el *Grigri®* puede ser más seguro que hacerlo con una cesta, del tipo *Reverso®*. Pero ¿verdaderamente es más seguro o es una falacia comúnmente aceptada? ¿Utilizamos correctamente los aparatos? O más importante aún, ¿realizamos correctamente las maniobras de cuerda tanto para escalar como para asegurar? A estas y otras preguntas se dará respuesta con los fundamentos científicos que subyacen en esta actividad.

Normalmente utilizamos las cuerdas y los aparatos de aseguramiento según nos aconsejan las instrucciones de uso, aún sin haberlas leído. Pero comprender cómo son las caídas y cómo afectan a los seguros intermedios, a las propias cuerdas y al sistema de aseguramiento es muy importante para valorar el riesgo al que los miembros de una cordada están expuestos, y más importante aún, para poder reducir ese riesgo gracias a su conocimiento.

Esta obra trata, como se ha mencionado, de los fundamentos científicos que subyacen en este deporte, de cómo de graves son las caídas que se pueden producir escalando, de cómo afecta el sistema de aseguramiento, o de cómo podemos reducir el riesgo inherente a este deporte.

Se verán algunas fórmulas matemáticas que provienen de las matemáticas y la física, que en absoluto hacen falta comprender para escalar con seguridad, pero que resulta interesante observar en ellas cómo afectan parámetros tales como el factor de caída o el dinamismo natural con el que están fabricadas, por citar algunos.

Es conveniente que todos los escaladores conozcamos el fundamento del deporte que practicamos, y en la escalada más aún, ya que en muchos casos depende la seguridad propia y de nuestro compañero/a que estos conceptos se entiendan y se apliquen correctamente para minimizar riesgos y evitar accidentes.

Algo que muchos escaladores conocen como el factor de caída, el aseguramiento

dinámico o la fricción de la cuerda con el descensor son conceptos que tienen una base científica, y a partir de este conocimiento utilizar los materiales y las técnicas adecuadas para no incurrir en errores que pudieran ocasionar un accidente.

Escalar es tan simple como subir trepando por una pared. Si no caes no pondrás a prueba el sistema de aseguramiento, ni los anclajes, ni ningún elemento de la cadena de seguridad y si además, una vez has llegado arriba, se puede bajar caminando, entonces dará la falsa impresión de que no habría hecho falta ningún elemento ni equipamiento de protección.

Pero el riesgo tiene un componente de probabilidad del que no podemos escapar, es algo así como la ruleta rusa, donde una vez cada equis, que es lo mismo que decir "cuando menos te lo esperas", se producirá algún tipo de incidente y quizá también de accidente. Escalar con seguridad, aunque nunca con absoluta seguridad, significa reducir ese componente de probabilidad al mínimo posible, de modo que seamos conscientes en todo momento de cómo podemos gestionar ese riesgo y de cómo podemos quedar menos expuestos al accidente en una caída. Y que en caso de producirse, no suponga necesariamente un accidente fatal.

Recordemos siempre que el riesgo cero no existe. Por lo que debemos estar siempre protegidos contra cualquier eventualidad, y conscientes de tales eventualidades.

Los modelos matemáticos y físicos que se emplean para dar explicación a ciertos fenómenos resultan algo complicados por las ecuaciones involucradas. Se ha intentado reducir al máximo las demostraciones de dónde provienen dichas fórmulas, para no dar la impresión de estar leyendo un libro de física o matemáticas, en lugar de uno de escalada.

Y finalmente se hace una escueta mención a quienes, a lo largo de la historia, han contribuido de forma teórica a que la escalada sea hoy en día más comprensible, más segura y por tanto más popular. Fueron mujeres y hombres que dedicaron sus vidas al estudio, ajenos quizá a que sus trabajos tuvieran aplicación en el diseño de aparatos de escalada, cuerdas o evolución de la técnica de escalada.

Para que hoy día, los fabricantes recojan sus trabajos para desarrollar los suyos, y que nosotros simplemente compremos el material y salgamos a disfrutar.

2.- LA CADENA DE SEGURIDAD

La escalada, así como otros deportes, e incluso otras actividades de la vida cotidiana, se considera un deporte de riesgo, puesto que hay una serie de peligros inherentes que amenazan constantemente la integridad de los participantes en dicha actividad.

El riesgo se define como la relación que existe entre la probabilidad de accidente asociada a los peligros que amenazan, respecto a la gravedad del accidente en caso de que este se manifieste. Una aproximación bastante útil es expresar el riesgo como el producto de estos dos factores. Es decir:

$$\boldsymbol{Riesgo = Probabilidad\ x\ Gravedad}$$

El primer paso consiste en identificar los peligros, para después ponderar estos dos aspectos del riesgo: la probabilidad de que se manifiesten y la gravedad del accidente si este se produjera.

Según el diccionario de la Real Academia de la Lengua Española se definen:

- Peligro: toda situación en la que existe la posibilidad de que ocurra un accidente.
- Accidente: suceso imprevisto que altera la marcha normal o prevista de las cosas. Especialmente el que causa daños a una persona o cosa

Se observa en estas definiciones, que la posibilidad o probabilidad está presente, y por tanto, es interesante analizarla para comprender qué puede hacer el deportista a este respecto para realizar la actividad de escalada con un mayor grado de seguridad. O lo que es lo mismo, con menor riesgo. Teniendo así la potestad de intervenir de algún modo para reducir las probabilidades de accidente, así como de minimizar la gravedad del accidente, si es que es posible.

Lo primero que se debe observar es que la probabilidad de que un suceso pueda ocurrir nunca es cero, aunque sí es posible que sea el 100%. Es posible que un suceso tenga una probabilidad de producirse muy baja, pero siempre existe y está comprendida entre 0% (nunca sucede) y 100% (seguro que sucede). Matemáticamente se escribe así:

$$0 < Probabilidad \leq 100\%$$

Para analizar los peligros, se debe tener en cuenta la cadena de seguridad. Se llama **cadena de seguridad** a cada uno de los elementos que están directamente involucrados en proteger la caída del escalador, ya sean los que están en la propia ruta o los que la cordada utiliza para protegerse.

La metáfora de la cadena nos da una idea de que cada uno de los elementos independientemente de los demás es crucial para que esa cadena mantenga unidos los dos extremos: escalador y asegurador.

Igual de importante es también la estabilidad de la roca, primer elemento de la cadena, como que la cuerda esté correctamente pasada por el aparato asegurador y que el propio asegurador lo utilice correctamente.

Se puede evaluar cómo es la cadena de seguridad para un escalador, desde que sale de la reunión hasta un punto intermedio antes de llegar a la siguiente. Todos los elementos cuentan para detener una posible caída, evitando el accidente y para analizarlos como peligros. Que son:

1. La roca y su estabilidad
2. Todo el sistema de la reunión inferior:
   a. los anclajes de la reunión inferior
   b. los mosquetones en dichos anclajes
   c. la cinta de reunión
   d. el arnés del asegurador y su aparato de aseguramiento
   e. El nudo de encordamiento del asegurador
3. Los anclajes intermedios
4. Las cintas express
5. El arnés del escalador
6. El nudo de encordamiento del escalador

En cada uno de estos elementos, como en cualquier cadena, al tener los elementos en línea; uno detrás de otro, la integridad total o la probabilidad de que pueda romper en alguno de sus eslabones, es la probabilidad máxima de uno de sus elementos (i), desde el primero hasta el último. Si se tienen n elementos, esta probabilidad total expresada en tanto por ciento es:

$$Probabilidad_{total}(\%) = Max_i\left[{}^{Probabilidad\ de}_{que\ se\ rompa_i}(elemento\ i\ ^{\bullet})\right]$$

Donde la probabilidad de que falle cada uno de los elementos es siempre positiva ($Prob_i > 0$) y además que la probabilidad total está condicionada por estar comprendida entre 0, nunca falla, y la máxima probabilidad de uno de sus elementos:

$$0 < Probabilidad_{total} \leq max\ (Prob_i).$$

Lo que viene a decir que una cadena es tan fuerte como su eslabón más débil.

Lo que no sabemos es en qué elemento se romperá, pero sí podemos intuir cuál de esos elementos tiene más probabilidades, y también cuál de esos elementos, en caso de fallar, puede producir mayor gravedad de accidente.

Otro aspecto que se deduce en la expresión anterior, independientemente de cuantos elementos haya, es que un elemento con probabilidad de rotura cercana a cero, como pudiera ser un arnés nuevo correctamente colocado, no contribuye apenas a la probabilidad total, y podría ser despreciado.

Si $Prob_{i=x}(de\ un\ elemento\ x) \cong 0$ (prácticamente seguro de que no falla), este elemento no influye apenas, puesto que es mucho menor que cualquier otro elemento con probabilidad máxima.

Como se ha dicho, las probabilidades, en sentido matemático, siempre son positivas, por lo que, al contrario que en el ejemplo anterior, pudiera darse el caso en el que si un elemento es muy débil, por ejemplo, un seguro mal emplazado, la cuerda mal pasada por la cinta express, o una sección de roca descompuesta, este elemento o varios de ellos serán los que están entre los que tienen probabilidad más elevada. Y por tanto, se podrán identificar rápidamente como los causantes principales del riesgo.

En unos casos un elemento de la cadena que falla puede llevarnos a una simple caída sin que trascienda a accidente, pero en otros casos puede que no sea así ¿qué puede el escalador hacer para reducir todo lo posible los valores más altos? Aquí es donde aplicamos el concepto de "redundancia".

Supongamos una cordada de dos personas en la que una de ellas está en la reunión inferior asegurando a la otra que se encuentra en ese momento escalando; por ejemplo Cristina escala mientras Victoria le asegura. Supongamos también que Victoria está asegurada en la reunión tan solo a un punto; simplemente con su cabo de anclaje, según el siguiente esquema:

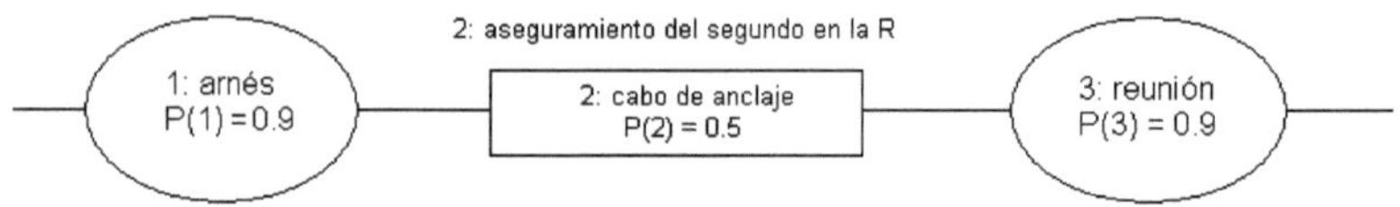

Supongamos, que las probabilidades de que falle cada uno de estos sistemas sea tal que 1 de cada 100 veces el arnés no falla, es decir, no rompe la cadena de seguridad. Ya sea por estar defectuoso o mal colocado.

Supongamos también que el cabo de anclaje podría fallar en alguno de sus elementos 4 de cada 100 veces y que todo el sistema de la reunión en su conjunto falla 1 de cada 100 veces. En matemáticas se puede resumir del siguiente modo:

P_{fallo} *(1: arnés)* = 1%

P_{fallo} *(2: cabo de anclaje)* = 4%

P_{fallo} *(3: reunión)* = 1%

Por tanto, la probabilidad total de fallo del sistema, es lógicamente la del cabo de anclaje, que es el eslabón más débil. La probabilidad total de que el sistema completo al que Victoria se encuentra asegurada falle sería, según la ecuación anterior:

$$Prob_{fallo\ total} =$$
$$= max\left[\left(P_{no\ f}(1)\right), \left(P_{no\ f}(2)\right), \left(P_{no\ f}(3)\right)\right]$$
$$= max[(1\%), (4\%), (1\%)] = 4\%$$

$$\boldsymbol{Prob_{fallo\ total} = 4.\%} = P_{fallo}\ (2\text{: } cabo\ de\ anclaje)$$

Redundancia

Cualquier sistema que tenga potencialidad de accidente, y sobre el que la cadena de seguridad sea sensible debe reforzarse. Un elemento puede tener una probabilidad de fallo desconocida, pero dos elementos en paralelo que se protegen juntos de manera solidaria reducen la probabilidad en ese punto considerablemente.

Evidentemente uno de los dos puede fallar, según su probabilidad, pero al hacerlo, el otro elemento que trabaja solidariamente con él, o en redundancia, hará que la cadena de seguridad permanezca íntegra y nos dé el tiempo suficiente para tomar las decisiones oportunas. Que fallen los dos elementos a la vez supone una probabilidad ínfima, por lo que no hay que desdeñar nunca su utilización, como veremos más adelante.

Cómo modifica las probabilidades la redundancia

Supongamos, según el ejemplo anterior de la cordada formada por las hermanas Victoria y Cristina, que tenemos tres sistemas en serie que representan a Victoria asegurando a su hermana en una reunión de una vía de varios largos. El arnés en primer lugar y seguidamente vamos a considerar ahora que Victoria está en la reunión asegurada de manera redundante con su cabo de anclaje y además con la propia cuerda a través de su nudo de encordamiento al arnés. Y finalmente toda la instalación de la reunión: anclajes y la estabilidad de la roca. Según el siguiente diagrama:

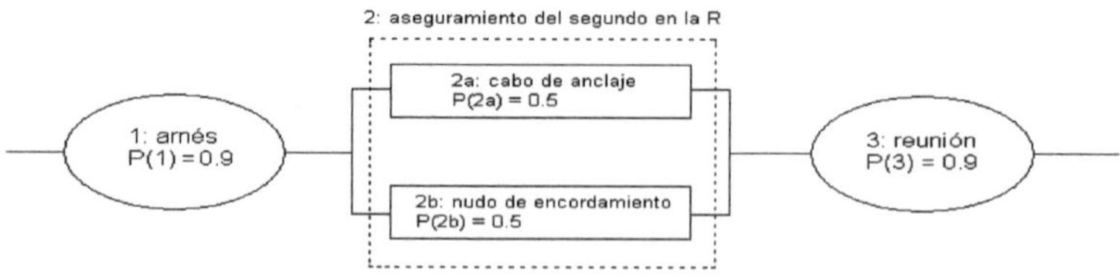

Supongamos también que las probabilidades de que fallen cada uno de estos sistemas es:

P_{fallo} (1: arnés) = 1%

P_{fallo} (2a: cabo de anclaje) = 4%

P_{fallo} (2b: nudo de encordamiento) = 4%

P_{fallo} (3: reunión) = 1%

En este caso, para calcular la probabilidad total de que este sistema falle, considerando que el cabo de anclaje y el nudo de encordamiento trabajan en paralelo conservando la redundancia, debemos utilizar la ecuación (1), aunque los elementos en paralelo multiplican su probabilidad:

$$Prob_{fallo\ total} =$$
$$= max\left[\left(P_{no\ f}(1)\right), \left(P_{no\ f}(2a)xP_{no\ f}(2b)\right), \left(P_{no\ f}(3)\right)\right] =$$
$$= max[(1\%), (4\% \times 4\%), (1\%)] = max[(1\%), (0.16\%), (1\%)] =$$
$$= 1\%$$

Luego la probabilidad total en tanto por ciento es:

$$\boldsymbol{Prob_{fallo\ total}} = \mathbf{1\%} = P_{fallo}\ (1: arnés) = P_{fallo}\ (3: reunión)$$

Es impresionante ver que dos sistemas que independientemente podrían fallar el 4% de las veces, al ponerlos en paralelo de manera redundante ofrecen un conjunto que falla menos del 0,16% de las veces. ¿No es asombroso?

No sólo se ha reducido la probabilidad, si no que se identifica que el elemento responsable de tal probabilidad no es el conjunto en redundancia (cabo de anclaje + cuerda), sino uno de los otros dos: o bien el arnés del asegurador o la reunión.

Luego la redundancia nos ofrece un método para identificar y reforzar los elementos más sensibles: aplicarla siempre que sea posible.

¿Cómo identificamos los elementos sensibles? Son todos aquellos en los que la cadena de seguridad tiene uno o varios elementos en línea, es decir, sin redundancia o duplicidad. Algunos de ellos son:

- Anillo ventral del arnés, sobre todo en los rápeles
- Cinta de reunión. La costura de la cinta es el único elemento que separa el arnés o el aparato de aseguramiento, de los anclajes en la roca
- Falta de atención de un compañero sobre el otro en el momento de encordarse, en la comunicación de reunión a reunión, etc..

Se observa clarísimamente que tan solo estos tres sistemas, por tener dos en paralelo trabajando redundantemente, aunque tengan una probabilidad de fallo alta, resulta un conjunto prácticamente seguro. Por lo tanto, intentaremos siempre que sea posible aplicar el mismo principio de redundancia siempre que sea posible, ya que de esa manera la probabilidad de que fallen ambos a la vez en mínima.

La redundancia no sólo se emplea en cuanto a los materiales de escalada a utilizar, sino también en actitudes de los miembros de la cordada. Se puede utilizar en numerosos aspectos de la escalada, como pueden ser:

- Comprobar mutuamente ambos compañeros el nudo de encordamiento
- Verificar, sobre todo en personas sin mucha experiencia, que la cuerda esté correctamente pasada por el sistema de aseguramiento al primero.
- Que el asegurador avise al primero si ha pasado mal la cuerda por las cintas o si ésta tiene el mosquetón inferior mal orientado.
- La comunicación de reunión a reunión, para asegurarse de que el primero está asegurado, que la cuerda está libre para recogerse, o que el segundo puede soltarse para comenzar a escalar.
- Que en la reunión, tanto al escalar como en los rápeles tengamos dos puntos de anclaje: la cuerda y un cabo de anclaje en los largos y dos cabos de anclaje en los rápeles.
- Que la triangulación de la reunión, sobre todo si es ecualizada, esté, en una de sus ramas, reforzada con una cinta express.

  Este detalle es especialmente importante, puesto que la costura de la cinta de reunión aguanta 22kN cuando la cinta es nueva. Pero pierde mucha resistencia con el paso de los años (teóricamente caducan a los 10 años).

- Que realicemos nudos de retención en la cuerda. El primero, justo al terminar de recoger el sobrante del largo, con lo que evitaremos rápidamente que el segundo pueda soltarse de la reunión inferior sin que le estemos todavía asegurando. Y después, a medida que progresa el segundo para ordenar la cuerda y garantizar en el siguiente largo errores de aseguramiento. Esto último es una técnica muy habitual en los guías, puesto que a menudo escalan con clientes que desconocen o que carecen de experiencia.
- Que aseguremos en los rápeles la cuerda, para que no escape de nuestro control y para evitar errores del segundo en rapelar así como orientarle al punto donde se encuentra el primero.
- Y un largo etcétera que depende del número de miembros de la cordada, de si se escala con niños, de si el largo se ejecuta en libre o en artificial, de si llevamos cuerda auxiliar para un petate, de si se escala en solitario, de la estrategia elegida por motivos por ejemplo didácticos u otros, etc., etc…

Pero veamos cada uno de los elementos de la cadena de seguridad para evaluar cómo afectan a la probabilidad que se mencionaba y qué medidas se pueden emplear para reducirla:

1. <u>La roca y su estabilidad</u>

   De manera intuitiva cada escalador observa paso a paso la calidad de la roca. Una vía muy repetida estará generalmente muy saneada y la probabilidad de que se nos vaya una presa de mano o de pie es bastante baja.

Por el contrario, una ruta nueva, aunque esté equipada, o una sección de roca descompuesta, tiene el peligro de el escalador caiga. Igualmente, podemos encontrar zonas en las que existan repisas, salientes cortantes o tramos que obliguen a escalar en artificial, por lo que la escalada puede resultar realmente ardua y muy peligrosa.

La solución a estos tramos es escalar con más calma, protegiendo lo mejor posible los pasos y procurando siempre no tirar piedras abajo, que es donde está normalmente el compañero asegurando.

2. Todo el sistema de la reunión inferior:
   a. los anclajes de la reunión inferior

      Una reunión es por definición un lugar seguro, tanto como para que todos los miembros de la cordada estén colgados de ella en una eventual maniobra de rescate. Reuniones equipadas con parabolt o químico sobre roca estable basta que tengan dos puntos de anclaje. Reuniones que se instalan con friends, fisureros, puentes de roca, etc... deben tener 3 o más elementos. Aquí la redundancia es vital para que la principal seguridad de la cordada esté más afianzada.

      Las reuniones, en función de la resistencia de los anclajes y la roca (o el hielo), de si se emplea una o varias cintas de reunión o incluso la propia cuerda, pueden instalarse de múltiples maneras:

- triangulaciones ecualizadas
- triangulaciones semi-ecualizadas a una o varias ramas
- triangulaciones fijas
- en línea vertical, horizontal o diagonal
- en línea en forma de L o L invertida a tres puntos
- equalette: anillo de cordino con nudos delimitadores

b. los mosquetones en dichos anclajes

Como norma general, los mosquetones de la reunión deben ser HMS (se orienta mejor su eje de carga) y deben estar los seguros cerrados, hacia el exterior y con la abertura hacia abajo, al terminar la instalación. El mosquetón madre, o punto central de la reunión conviene que sea HMS semi-automático y en él se puede perfectamente atar el escalador con la propia cuerda y el sistema de aseguramiento al segundo.

Para reducir probabilidades en esta parte de la cadena de seguridad no se deberían usar mosquetones convencionales, sin seguro. Y en la medida de lo posible, tomar las precauciones necesarias, en caso de que estos mosquetones apoyen y hagan palanca sobre salientes de roca. Puesto que pueden fácilmente llegar a partirse literalmente por la mitad.

c. la cinta de reunión

Si se emplea cinta para triangular la reunión, lo principal es que ésta esté en buen estado. Normalmente confiamos a ciegas en la costura de la cinta, y sin embargo las utilizamos durante años sin cuestionarnos si esa costura aguanta igual el día que se estrena, que diez años después.

La solución para evitar sustos con esa costura es hacer nudos para que la triangulación esté semi-ecualizada, o un nudo fijo en el centro de la triangulación. En todo caso para respetar la redundancia, conviene utilizar una cinta express que una el punto central o mosquetón madre con uno de los anclajes, de modo que si la costura rompiera un día, esta cinta permita que el aparato de aseguramiento al segundo no caiga o que nuestro anclaje al centro de la reunión no se mueva sustancialmente.

d. el arnés del asegurador y su aparato de aseguramiento

Lo principal que nos une a pared es el arnés. Hay que tener especial esmero es su cuidado, cambiarlo por uno nuevo con relativa frecuencia (dejando el viejo para usos de menor riesgo como escalar en rocódromo o para usar en esquí de montaña, o directamente desecharlo) y observar en él signos de desgaste.

El arnés debe quedar ajustado por encima del hueso de la cadera y que sea de nuestra talla. Es muy buena costumbre además, como se ha dicho en cuanto a la redundancia, que revisemos el cierre del arnés de nuestro compañero y viceversa.

En cuanto al aparato de aseguramiento que utilicemos, es recomendable leerse las instrucciones, ver vídeos y en definitiva informarse correctamente de toda la potencialidad de su uso.

e. El nudo de encordamiento del asegurador

Igualmente que con el arnés es altamente recomendable, y para personas que no saben hacerse el nudo es imprescindible, revisar el nudo de ocho al arnés de nuestro compañero y viceversa. Que esté bien peinado y con un sobrante de cabo de unos 15-20 cms.

Debemos pensar que cuando nuestro compañero se cuelga de la cuerda lo único que le sujeta es el arnés y este nudo, por lo que hay que poner especial cuidado en estos dos detalles.

3. <u>Los anclajes intermedios</u>

Como se verá más adelante los anclajes pueden ser naturales, móviles o fijos. La estabilidad de cada uno de ellos depende en parte de la estabilidad de la roca, pero sobre todo de la intuición del escalador para colocar la pieza adecuada en el lugar adecuado, de la manera adecuada.

Reducir las probabilidades de rotura de cada uno de ellos es a veces muy difícil cuando se está escalando, pero siempre será más resistente una pieza del tamaño adecuado para la fisura que se pretende proteger, que una que no lo es. Y en caso de no poder colocar una pieza adecuada en un buen emplazamiento siempre se podrá colocar después una cinta disipadora o triangular dos seguros si el emplazamiento o el paso es comprometido.

Por otra parte, siempre son más arriesgados los seguros iniciales, que cuando se llevan varios colocados.

4. <u>Las cintas express</u>

   Quizá sean los elementos más fiables, por una parte porque se colocan varios en un largo y por la alta resistencia de las cintas y los mosquetones. Pero hay que usarlos adecuadamente poniendo especial atención a tres cosas básicas:

   - Que sean de la longitud adecuada para que la cuerda corra con los mínimos rozamientos posibles.
   - Que pasemos la cuerda correctamente; con el cabo que va al arnés por la parte exterior
   - Que se orienten los gatillos de los mosquetones en la dirección contraria de donde continúa la vía.

5. <u>El arnés del escalador y su nudo de encordamiento</u>

   Como hemos visto con el arnés y el nudo del asegurador, el del escalador es exactamente igual de importante.

En definitiva, cada uno de estos elementos tiene que aguantar cualquier caída, es decir, no superar su límite de resistencia, para que el escalador no caiga demasiado, o en último caso que no caiga hasta el suelo.

Pero también es deseable no sólo no chocar contra el suelo, sino que la cadena de seguridad absorba toda la energía potencial que se ha ido adquiriendo y acumulando al subir y que no sea nuestro cuerpo quien lo haga.

Todo escalador conoce que no es posible escalar con un casco de metal o un cable de acero, por lo que la cuestión, por tanto, es cómo vamos a repartir esa energía, o dicho de otro modo, sabiendo cual es el límite del cuerpo humano, ¿cómo queremos que además de que absorba poca energía, no se rompa la cadena de seguridad?

Resistencia del cuerpo humano

A la hora de diseñar los elementos de la cadena de seguridad, los fabricantes tienen en cuenta cual es límite tolerable de fuerza que puede absorber el cuerpo humano sin tener lesiones. Existen varios estudios en el área de los trabajos verticales, pero uno que realmente llama la atención por estar referido específicamente a la escalada es la tesis doctoral de Helmut Magdefrau "Die Belastung des menschlichen Körpers beim Sturz ins Seil und deren Folgen", del Instituto de antropología y genética humana de Munich, dependiente de la Universidad de Stuttgart y publicada en marzo de 1991.

La traducción al título es "La Fuerza y sus Consecuencias en el Cuerpo Humano cuando cae a través de una cuerda". El resumen inicial de la obra dice textualmente:

> "La fuerza durante la detención de una caída de un escalador se evaluó en pruebas prácticas con sujetos humanos. Según la situación de la caída, las fuerzas de hasta 4 kN actúan sobre el cuerpo a través del arnés. Con la fricción extrema de la cuerda en la roca y dispositivos de aseguramiento, las fuerzas pueden aumentar hasta 6,5 kN. Estas fuerzas dependen del método de aseguramiento y de la situación de la caída y están en su mayoría en dependencia con el peso del escalador. Por lo tanto, los escaladores lige-

ros están sujetos a mayores fuerzas de desaceleración que los escaladores pesados.

Para una fuerza dada de 4 kN se muestra la biodinámica durante el impacto. Si solo se utiliza un arnés de cintura, que rodea solo la pelvis, las cargas de flexión en la columna exceden en ciertas circunstancias la tolerancia humana considerablemente. Los efectos del latigazo, en caídas "cabeza abajo" o cargas severas en el abdomen también pueden ocurrir. Además de estas lesiones agudas, pueden producirse lesiones crónicas de los ligamentos de la columna vertebral y los discos invertebrales, ya que cada esfuerzo que sobrecarga los músculos debe ser absorbido por los ligamentos."

Helmut Magdefrau *"Die Belastung des menschlichen Körpers beim Sturz ins Seil und deren Folgen" - Universidad de Stuttgart 1991.*

Anthrop. Anz.	Jg. 49	1/2	85 - 95	Stuttgart, März 1991

Herrn Prof. Dr. Dr. G. Ziegelmayer
zum 65. Geburtstag gewidmet

Die Belastung des menschlichen Körpers beim Sturz ins Seil und deren Folgen

H. Mägdefrau

Institut für Anthropologie und Humangenetik der Universität München

Mit 7 Abbildungen im Text

Summary: The stress during holding a fall of a climber was evaluated in practical tests with human subjects. Depending on the situation of the fall forces up to 4 kN are acting on the body through the harness. With extreme rope friction at the rock and running belays the forces can increase up to 6.5 kN. These forces depend on the method of belay and the situation of the fall and are mostly independent from the weight of the climber. Therefore light climbers are subjected to greater deceleration forces than heavy climbers.

For a given force of 4 kN the biodynamics during impact is shown. If only a seat harness, surrounding only the pelvis, is used, the bending loads on the spine exceed under certain circumstances the human tolerance considerably. Whiplash effects, head down falls or severe pressure loads on the viscera can also occur. Besides these acute injuries chronic injuries of ligaments of the spine and the invertebral discs can occur because every stress overcharging the muscles must be taken up by the ligaments.

Por otro lado, se estableció mediante pruebas experimentales a paracaidistas del ejército de los EEUU que la fuerza de choque máxima que puede admitir una persona de 80Kg es de unos 12kN, y este es el límite que ponen los fabricantes a la hora de construir los materiales de seguridad, como por ejemplo la cuerda. Con unos valores, según los estudios de Helmut Magdefrau que rondan entre 4 y 9kN, como límite de fuerza que el cuerpo humano es capaz de absorber sin tener lesiones.

En cuanto al diseño de las cuerdas, a mayor valor de fuerza de choque, la cuerda requiere un uso más dinámico, aunque se pueda utilizar en simple; como por ejemplo escalada deportiva asegurando con una cesta, reverso, etc... Y los valores más pequeños corresponden a cuerdas de uso en doble y gemelas. Este último tipo de cuerdas se fabrican, y se usan, no solo con el objetivo de que el cuerpo del escalador absorba una menor cantidad de energía en la caída, si no para proteger también la integridad de la cadena de seguridad.

Veamos entonces cómo actúan algunos de estos elementos de la cadena de seguridad y cuáles son las homologaciones por las que tienen que pasar para estar certificados como seguros.

3.- HOMOLOGACIONES

Las normas europeas (el acrónimo es en inglés, European Norms o EN) las establecen los organismos de normalización de cada país, que son quienes se encargan de publicarlas y hacer cumplir las que son obligatorias, que no son todas.

La **Asociación Española de Normalización y Certificación (AENOR)** publica estas normas con la tipología "UNE" - Una Norma Española -, seguido del código de la norma y la fecha de entrada en vigor.

En otros países de la Unión Europea encontraremos las normas con otras siglas, pero la denominación "EN" y el número es el mismo para todos los países, y por supuesto la norma es la misma. La fecha, a veces, sustituye una norma por otra con el mismo código, lo cual indica su actualización.

Algunas de las normas referentes al equipo de montañismo y escalada, que describen los requisitos de seguridad, diseños o métodos de ensayo las podemos ver en la siguiente tabla, donde se incluye también la equivalencia con las normas de la Unión Internacional de Asociaciones de Alpinistas, o UIAA.

UNE-EN	UIAA	Equipamiento
564:1997	102	Cuerda auxiliar.
565: 1997	103	Cinta.
566: 1997	104	Anillas de cinta.
567: 1997	126	Bloqueadores.
569:1997	122	Pitones.
892: 2005	101	Cuerdas dinámicas.
958: 1997	128	Sistemas de disipación de energía utilizados en vía Ferrata.
959: 2007	123	Anclajes para roca.
12275: 1999	121	Mosquetones.
12276: 1999	125_2 / 2013	Anclajes mecánicos (de fricción).
12276: 2014	—	Anclajes mecánicos (Actualización).
12277: 1998	105	Arneses.
12278: 1998	127	Poleas.
12492: 2001	106	Cascos.
12492/A1: 2003	—	Cascos (Actualización).
1891: 1999	107	Cuerdas trenzadas con funda semiestáticas.
1891: 2000	—	Cuerdas trenzadas con funda semiestáticas (Corrección).

La tipología de los anclajes que se pueden encontrar en una vía es muy variada, y a menos que se conozca perfectamente el equipamiento de la ruta habrá que aprovisionarse de bastante material para acometer la escalada.

Se pueden encontrar vías muy bien equipadas sobre roca de gran calidad en las que bastará con un buen surtido de cintas express, con alguna larga incluso, y con eso bastará para "chapar" todos los seguros de reunión a reunión.

Por el contrario, lo normal en rutas de alta montaña es que no haya equipamiento fijo más que algunos clavos viejos, en el mejor de los casos. Entonces hará falta llevar un juego de friends, algunos números puede estar aconsejado que estén repetidos, algunos fisureros y cordinos para alondrar puentes de roca o troncos de árboles.

Toda esta tipología de anclajes, se puede clasificar de la siguiente manera:

Anclajes: naturales, móviles y fijos

§ **Los naturales**, evidentemente no están homologados y su resistencia se evalúa a simple vista. Con la experiencia se puede evaluar rápidamente su

fiabilidad, ya sean gendarmes de roca, troncos de árboles, puentes de roca o de hielo, columnas de hielo, etc.... Si además alguno de estos anclajes los vamos a elegir como elemento clave para instalar la reunión, deberá ser de absoluta fiabilidad para que aguante a toda la cordada.

§ **Los anclajes móviles** son todos aquellos que se puedan poner y quitar. Son seguros que, aunque estén homologados a una resistencia a la rotura, la fuerza a la que pueden saltar depende más de la estabilidad del emplazamiento y sobre todo de la correcta colocación. Algunos de los que más comunmente se encuentran son:

- Pitones o clavos de roca: se encuentran bajo la norma UNE-EN 569:1997 o la UIAA 122, que indica el diseño, materiales de fabricación (los hay de materiales blandos y duros), así como la resistencia de cada tipo.

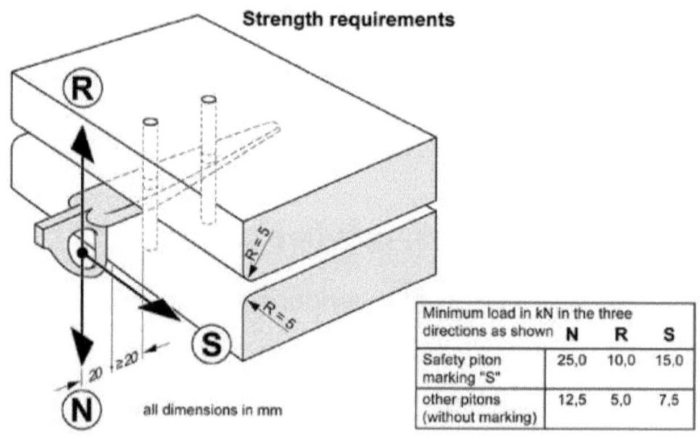

Minimum load in kN in the three directions as shown	N	R	S
Safety piton marking "S"	25,0	10,0	15,0
other pitons (without marking)	12,5	5,0	7,5

- Friends y fisureros: se consideran en la norma como elementos mecánicos de fricción. Norma UNE-EN 12276/AC:2000 o la norma equivalente UIAA 125_2 para friends, y la UIAA-124 para fisureros, que establece un límite mínimo de rotura de 5kN.

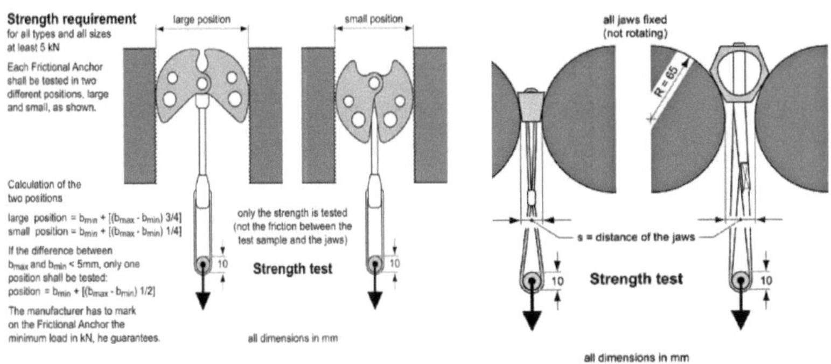

- Tornillos de hielo: están enmarcados dentro de la norma descrita como anclajes para hielo, la UNE-EN 568:1997 o la UIAA 151

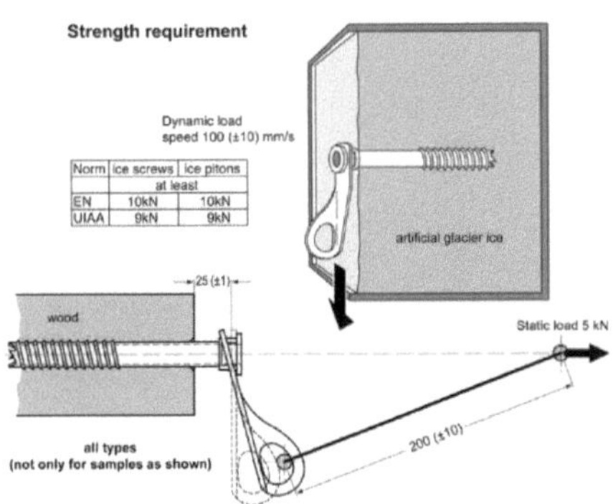

Norm	ice screws	ice pitons
	at least	
EN	10kN	10kN
UIAA	9kN	9kN

§ **Los fijos** son lo que comúnmente llamamos "las chapas". Se instalan haciendo un orificio en la roca e insertando en ella una pieza metálica. Varía la resistencia de cada uno en función de lo que penetra en la roca, y del sistema que utilice para evitar la extracción. La norma EN-959 o UIAA 123 advierte de que las indicaciones afectan a todo tipo de anclajes de roca, no solo a los expuestos en el diagrama. Debemos notar además la enorme diferencia en las resistencias: 15kN según la norma europea EN y 20kN según la UIAA, cuando la mayoría de fabricantes para los parabolts ofrecen una resistencia de 25kN.

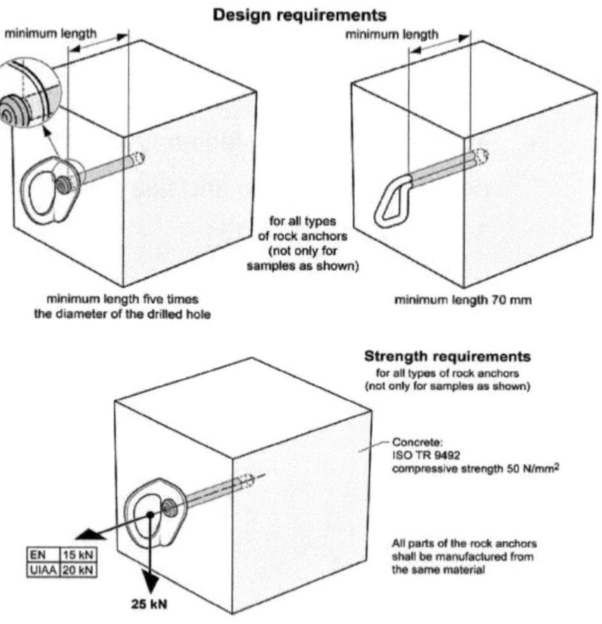

- **Buriles:** los menos resistentes, pero rápidos de colocar. Actualmente no se usan en equipamientos fijos, sino que han sido relegados casi exclusivamente a la escalada artificial. Entran aproximadamente 1.5cm en la roca, a golpe de maza para doblar dos aletas metálicas que impiden su extracción. Por fuera se ve solamente una cabeza redondeada.
  Resistencia aprox. 5kN

- **Spits:** Se distinguen por una cabeza de tornillo que sujeta la chapa a un casquillo roscado. El tornillo entra en el casquillo 1cm y el casquillo, que se usa también para hacer el orificio entra cerca de 2cm en la roca, en función de la métrica que se use (8 o 10mm). Se siguen usando por su rápida colocación y por ser de tipo expansivo gracias a una pieza troco-cónica que se coloca en el interior del casquillo.
  Resistencia aprox. 10-15kN

- **Parabolts:** Actualmente son los que más se usan, aunque en equipamientos en los que generalmente se trabaja con taladro.

Entran en la roca entre 5 y 15cm y tiene una o dos pletinas en su eje que actúan expansivamente contra la extracción. Se distinguen por un espárrago roscado que sale de la roca y en el que se coloca la chapa, una arandela y una tuerca.

Resistencia aprox. 25kN

- **Químicos:** Indudablemente los que más aguantan, con un sellado químico de calidad. La mayor diferencia es que no requieren chapa ya que vienen doblados para mosquetonear directamente sobre ellos, lo cual permite incluso rapelar de uno sin necesidad de colocar un maillón.

Resistencia aprox. 25-40kN

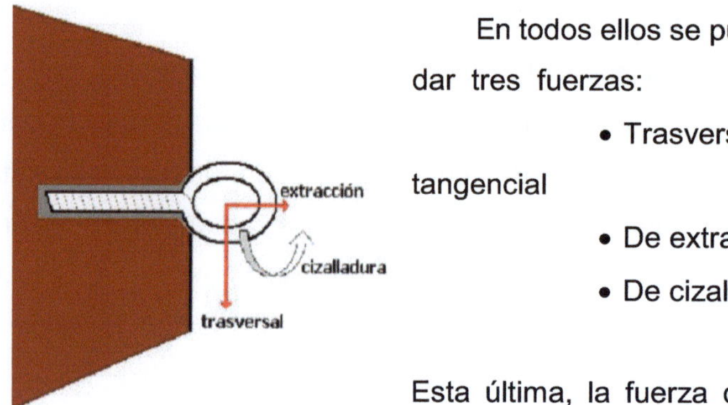

En todos ellos se pueden llegar a dar tres fuerzas:

- Trasversal o tangencial
- De extracción
- De cizalladura.

Esta última, la fuerza de cizalladura se produce al intentar retorcer el anclaje, y es la más sensible de las tres. La más resistente es siempre la tangencial y es ahí donde, evidentemente, vemos que un buril o un spit que no entran más que un par de centímetros en la pared son mucho menos resistentes que un parabolt o un químico que entran unos 7cms.

Equipamiento del escalador

§ arnés: EN-1277, UIAA-105

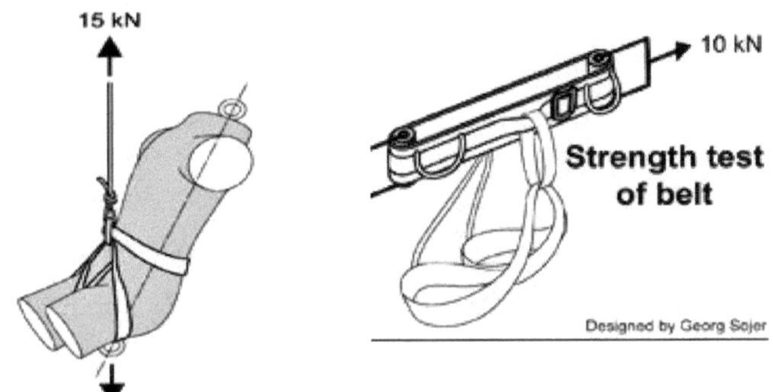

§ cintas expres: EN-566

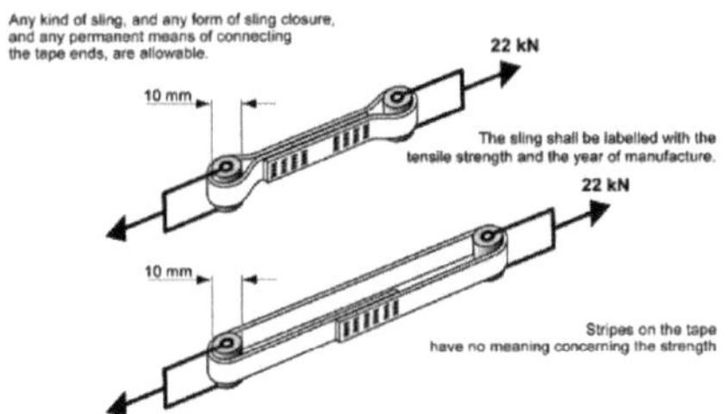

§ mosquetones

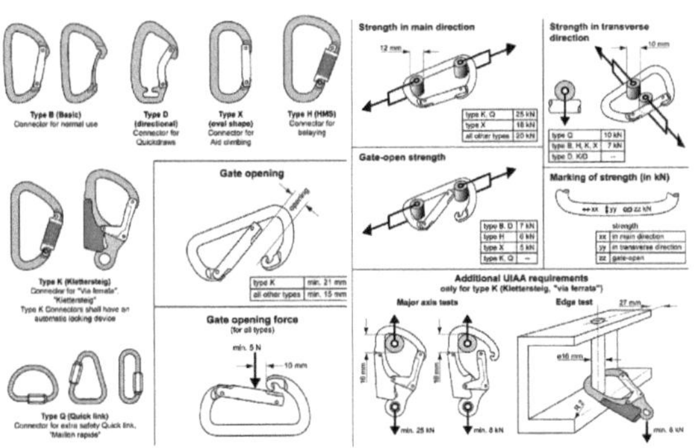

- § aparato de aseguramiento o aparato de freno como se establece en la norma UNE-EN 15151 o la UIAA 129. No se imponen en las normas el diseño puesto que hay muchísimos modelos diferentes, a excepción del diámetro mínimo del orificio de unión del aparato al arnés y el grosor de la placa metálica de la están compuestos.

Los test deben realizarse, eso sí, de una manera concreta y cada aparato de freno, ya sea dinámico (viene en la norma de la UIAA un descensor en forma de ocho) o estático (que según el diagrama parece ser un Gri-gri®, aunque no se especifica concretamente)

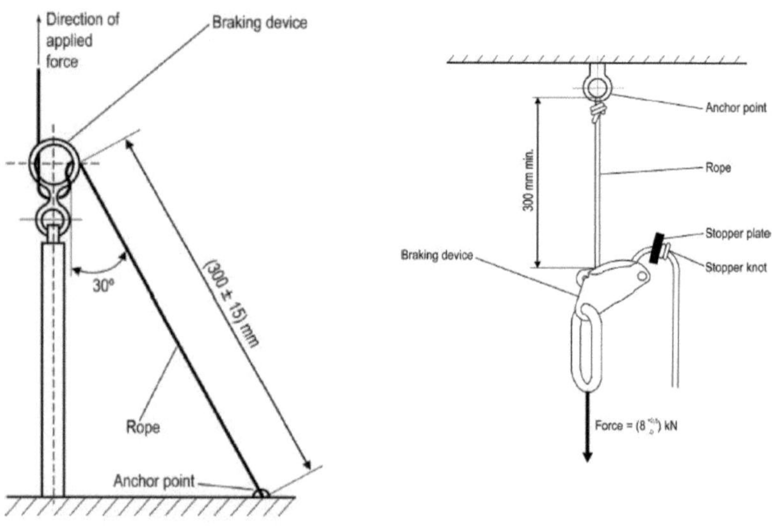

Test para los aparatos de freno dinámicos

Test para aparatos de freno estáticos

La cuerda

El elemento que posiblemente requiera más esfuerzo, tiempo y dedicación por parte de los fabricantes es la cuerda. Básicamente porque es la principal implicada no sólo en detener la caída del escalador, sino en absorber la mayor parte de la energía de la caída.

La norma que regula su diseño es la EN-892 o UIAA-101.

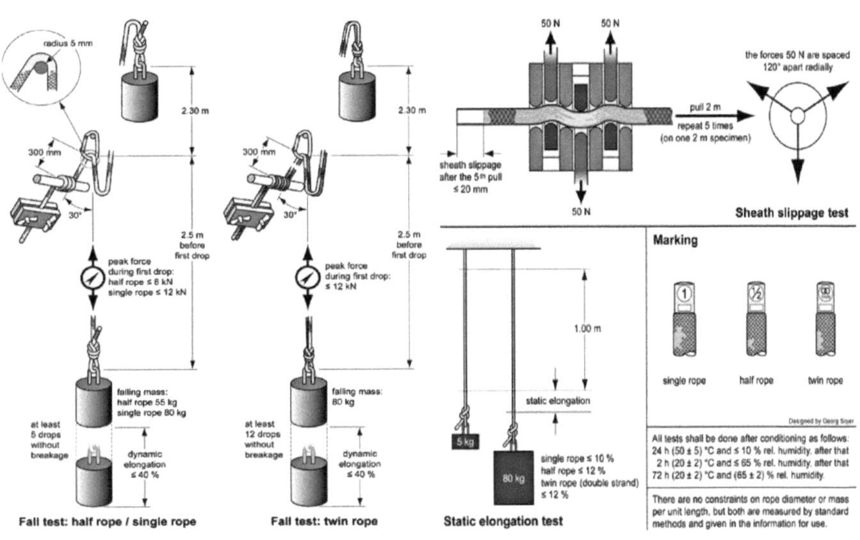

Como indica la norma, debe marcarse el uso de la cuerda, según sea:

- Para uso en simple
- Uso en doble
- Uso en gemelas

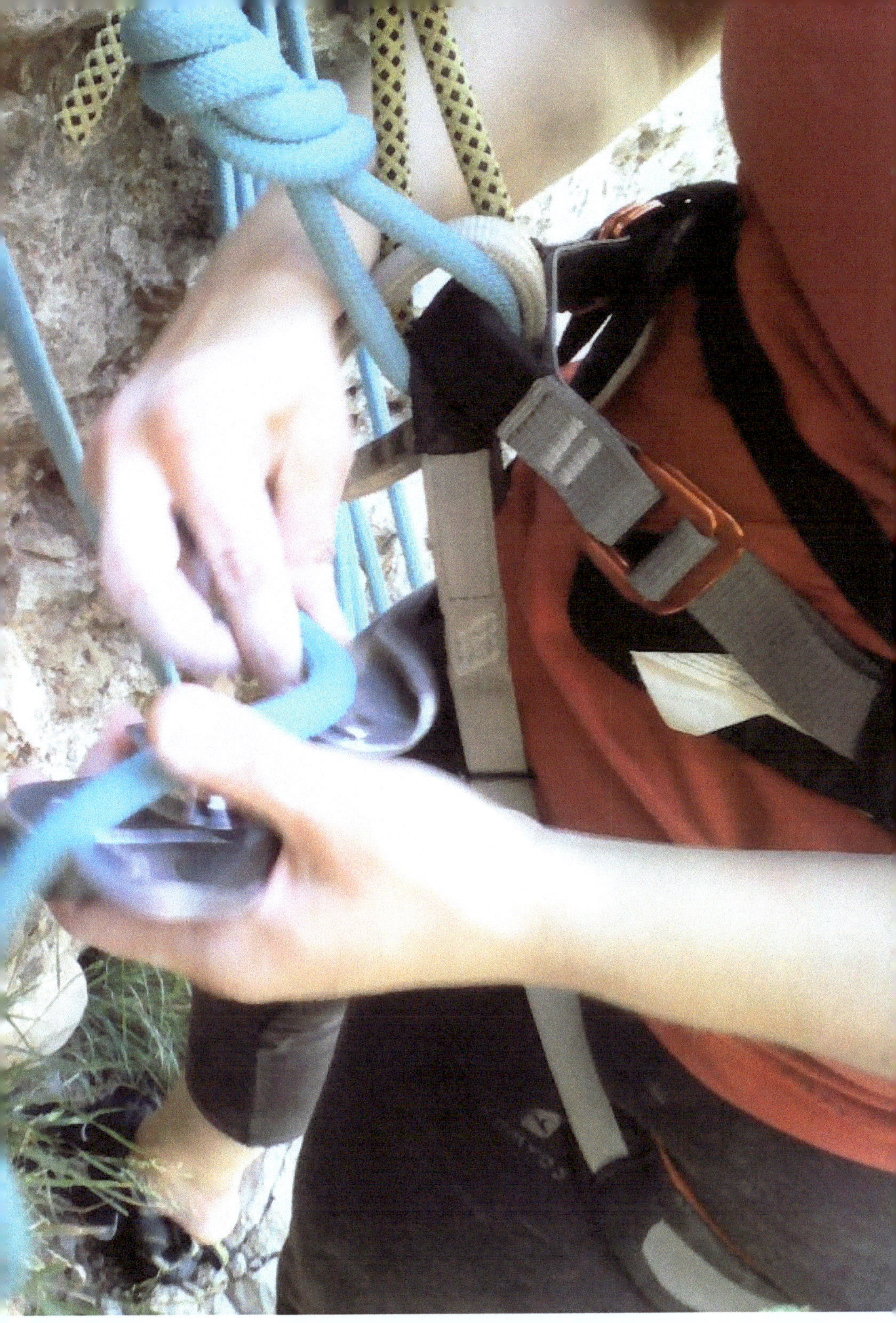

4.- FUNDAMENTOS FÍSICOS DE LA CUERDA

Una cuerda de escalada es como un muelle o una goma que sufre una elongación cuando de un lado está fija y del otro se estira. Como todo muelle, tiene un límite elástico y otro que es el límite plástico.

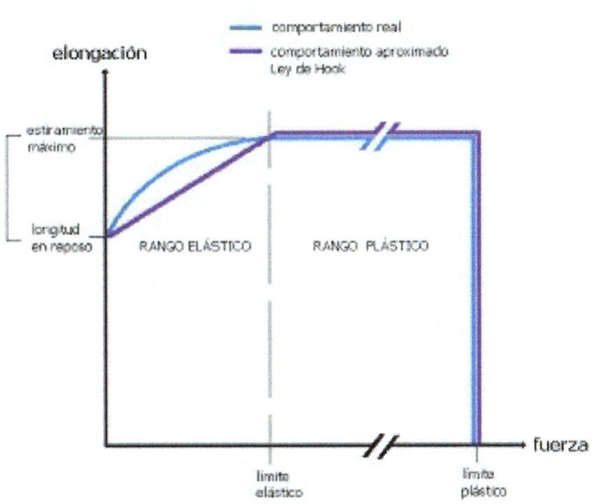

Comportamiento de la cuerda al estar sometida a una fuerza.

El límite elástico es la fuerza a la que hay que someter a la cuerda para que no estire más. Si al comprar la cuerda vemos en la etiqueta donde están los parámetros físicos que la caracterizan que su elasticidad estática (la que sufre la cuerda se cuelga un peso) es de un 2 %, por ejemplo, entonces en 70m de cuerda, se podrá estirar por efecto de la fuerza suficiente 1,4m más, es decir hasta los 71,4m.

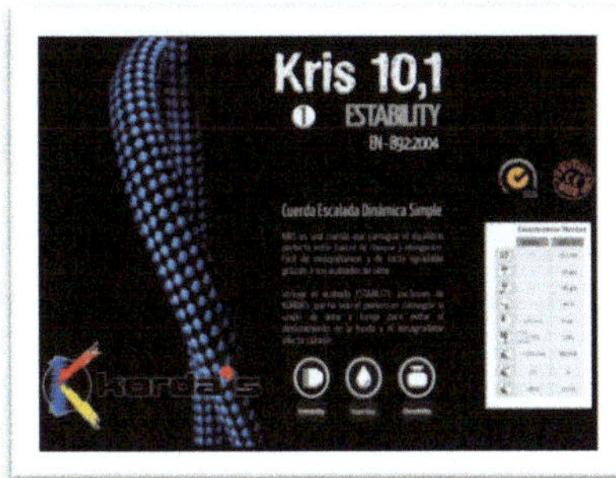

Pero si no colgamos peso de la cuerda, por sí sola apenas se estirará. Este es un hecho que mucha gente experimenta al hacer un rápel, por ejemplo.

Que con dos cuerdas dobles de 60m cada una, en un rápel de 60m se llega perfectamente al suelo o al siguiente rápel, pero al quitar nuestro peso, la cuerda sube recuperando su tamaño natural.

Cuando se produce una caída, después de estirar la cuerda la longitud proporcional a la fuerza de la caída, absorbiendo así la energía potencial acumulada, pasa a ser un mero transmisor de la fuerza en toda su longitud, igual que lo es un cable. Es entonces cuando pasa al régimen plástico.

Este límite plástico, en el que la cuerda no estira más, si se la sigue sometiendo a una fuerza, la cuerda empieza a deformarse hasta que se rompe. Además, el rango elástico es mucho más corto que el plástico y ambos van disminuyendo con cada caída, hasta el punto en que el límite plástico es menor que la fuerza de choque, momento en el que la cuerda se romperá.

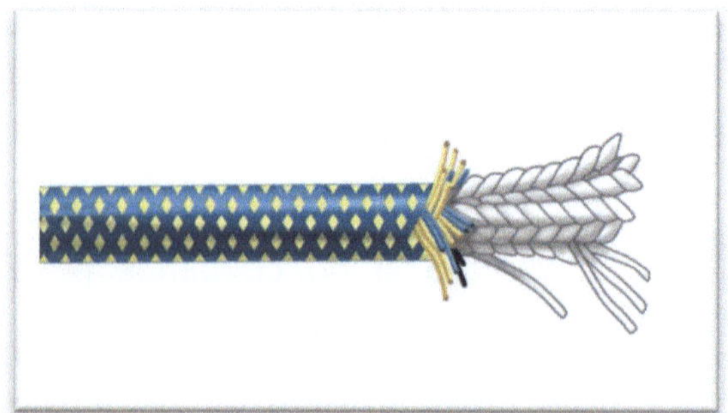

Mirando más interiormente la cuerda, se ve que no es uniforme y homogénea, sino que está compuesta por miles de filamentos en su interior, agrupados en husos que constituyen lo que se denomina el alma.

La elasticidad de la cuerda la confiere el trenzado de esos filamentos, no los filamentos en sí, que en realidad es muy baja, llegando a romperse varios de ellos tras una caída. Por este motivo, la vida útil de una cuerda es limitada, y esta es la razón por la que los fabricantes garantizan solamente un cierto número de caídas, generalmente no más de 10.

La fuerza de choque que indica el fabricante es aquella en la que la cuerda trabaja en rango elástico. Superar esta fuerza no implica que la cuerda se rompa, sino que con estas caídas estamos haciendo trabajar a la cuerda en régimen plástico, donde se están rompiendo fibras del alma, y con sucesivas caídas en las que la cuerda entra en este rango llega el punto en que una caída más que supere esa fuerza de choque, que además va disminuyendo con sucesivas caídas, la cuerda estará tan debilitada en un punto que podría romper.

Puede que esa rotura no se vea desde fuera, pero se puede comprobar al tacto que la cuerda está gravemente dañada. No obstante desde hace pocos años están apareciendo tecnologías nuevas en las cuerdas, como la *Unicore* de Beal o *Estability* de Korda´s, que se basan en unir las fibras del alma con los de la funda exterior o camisa, ofreciendo así una mayor durabilidad a la cuerda y eliminando el efecto calcetín (deslizamiento de la camisa sobre el alma), que sufren el resto de cuerdas.

El comportamiento de los objetos en rango plástico es muy complicado de prever, de modo que sólo veremos el rango elástico, que por otra parte es el que más interesa al escalador.

El principio teórico del que derivan los fundamentos físicos que describen el comportamiento de este régimen elástico en las cuerdas de escalada no es otro que la **segunda ley de Newton**:

$$\vec{F} = m \cdot \vec{a}$$

Como se ha dicho, una cuerda se comporta básicamente como un muelle, y los muelles se estiran según la llamada ***ley de Hooke***, es decir, que el estiramiento de la cuerda es proporcional a la fuerza que se le aplique:

$$F = -k \cdot x$$

donde *k* es la constante de proporcionalidad que depende de la naturaleza de la cuerda y x la elongación de la cuerda. Esta es una aproximación muy básica al comportamiento de la cuerda, pero que ayuda a comprender cómo funciona.

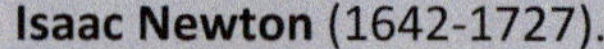

Isaac Newton (1642-1727).

Físico y matemático inglés que estableció las leyes que gobiernan el movimiento de los cuerpos en 3 leyes.

1ª: ley de la inercia

2ª: ley de la dinámica

3ª: ley de acción y reacción

Postuló que estas mismas leyes que rigen a los cuerpos terrestres también se cumplen para el movimiento de los cuerpos celestes.

Este sencillo fenómeno de los cuerpos elásticos fue estudiado por el físico británico **Robert Hooke** (1636-1703), quien aplicó su principio a numerosos inventos que él mismo patentó, como el barómetro, el higrómetro o el anemómetro, entre otros muchos.

Robert Hooke (1635-1703)

Fue un hombre tremendamente irascible y tosco en los modales. Es célebremente conocida su enemistad con Isaac Newton, quien por la época era presidente de la Royal Society, miestras Hooke era secretario.

Se piensa que tuvo implicación en la teoría de la gravitación, aunque no está comprobado. Lo que sí lo está es que Newton a su muerte mandó destruir todos su retratos y a día de hoy aún no se conoce el lugar exacto de su enterramiento.

La constante de proporcionalidad *k*, puede depender de muchos factores, de modo que suele utilizarse el llamado Módulo de Young *K*, que sólo depende de la naturaleza del material con que está hecha la cuerda:

$$k = \frac{K \cdot S}{l}$$

Donde S es la sección de la cuerda y l la longitud a la que se somete al estiramiento.

Amalie **Emmy Noether** (1882-1935)

Su trabajo es de suma importancia, por ejemplo, para la física de partículas actual. Hasta tal punto que sobre su teorema se apoyan la famosa ley de conservación de la energía.

Considerada por Einstein como la mujer más importante en la historia de las matemáticas. Y no sin razón, puesto que su teoría de la Relatividad General se sustenta sobre el Teorema de Noether.

Aunque este otros muchos reconocimientos no le valieran para ganarse un puesto en la Universidad digno de su valía, por el mero hecho de ser mujer.

Con estos ingredientes se puede calcular la expresión de la fuerza de choque que se obtiene del principio de conservación de la energía, que surge del Teorema de Noether, uno de los más importante para la física teórica moderna, sino el que más, debido a la matemática alemana que le da su nombre.

Se resume así:

Cualquier cantidad física que se conserve es proporcional a la variación temporal de la función que describe el sistema (Lagrangiano).

Matemáticamente se escribe del siguiente modo:

$$Q = \left(\frac{\partial L}{\partial v}\right)^T Gx = Cte$$

.

donde G es el generador de la cantidad que se conserva Q, y L es el Lagrangiano que describe el movimiento de la particula. En el caso del escalador colgando de la cuerda, el Lagrangiano sería:

$$L = E - V = \frac{1}{2}mv^2 - \frac{1}{2}kx^2 = \frac{1}{2}m\left(\frac{dx}{dt}\right)^2 - \frac{1}{2}kx^2$$

Esta función bajo el teorema de Noether nos da una ecuación (diferencial), cuyo desarrollo no es necesario habida cuenta del abuso de paciencia al que hasta aquí se somete al lector, pero que puede consultar en los anexos.

De la ecuación diferencial anterior se puede extraer, que es lo que interesa, que esta fuerza de choque es:

$$F = mg + mg\sqrt{1 + \frac{2KSf}{mg}}$$

Donde todas las incógnitas son conocidas excepto *f*, el famoso factor de caída:

- m = masa del escalador/a
- g = valor de la gravedad terrestre (9.81 m/s^2
- K = módulo de Young o valor de la rigidez de cada cuerda
- S = π(D/2)² = área de la sección de cuerda de diámetro D
- f = longitud caída / longitud de cuerda desplegada = factor de caída

Factor de caída

Es lo que indica cómo de fuerte es la caída en el momento del impacto. Se define como la relación entre la longitud de la caída antes de que la cuerda comience a estirarse y la longitud de cuerda dinámica que trabaja para el estiramiento.

$$Factor\ de\ caída = \frac{longitud\ de\ caída}{longitud\ de\ cuerda\ dinámica\ desplegada}$$

De manera simple se puede dar un factor de caída teórico como:

$$factor\ de\ caída = {}^{H}\!/_{(L^0 + L^1 + L^2 + \cdot^3 + L^4 + L^5 + \cdots)}$$

Donde los sumandos L^0, L^1, L^2, etc., son la longitud de cuerda desde el arnés del escalador a la última cinta express o más cercana a él (L^0), la longitud de la última a la siguiente (L^1), a la siguiente (L^2), y así sucesivamente.

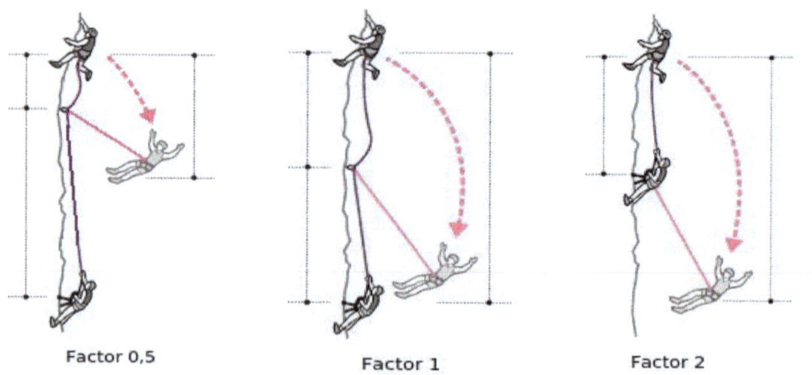

Factor 0,5 Factor 1 Factor 2

Por otra parte, el factor de caída teórico da generalmente un valor más bajo que el real, ya que es mayor el denominador, es decir, es mayor la longitud de cuerda desplegada que la longitud de cuerda dinámica desplegada.

El factor de caída real viene a modificar el teórico porque hay rozamiento de la cuerda con los seguros intermedios o también con los seguros intermedios y con la roca. Esta modificación al factor de caída teórico se debe a que toda la longitud de cuerda desplegada no trabaja dinámicamente si existen rozamientos.

Cualquier escalador con ciertos años de práctica ha experimentado alguna vez cómo la cuerda no corre bien a lo largo de nuestra ascensión y nos obliga a tirar con más fuerza de ella hacia arriba. Esto es debido a la mala colocación de los seguros haciendo que la cuerda haga mucho zig-zag y roce excesivamente con ellos o además también con la roca.

Toda esa parte de cuerda que no se mueve libremente tampoco se estira libremente en una caída, haciendo que trabaje en cierto sentido estáticamente y aumentando así el valor del factor de caída.

Por tanto, las correcciones al factor de caída se han establecido mediante cálculos numéricos de manera aproximada del siguiente modo.

$$f = {}^{H}\!/_{(L^0 + 0{,}63L^1 + 0{,}49L^2 + 0{,}37L^3 + 0{,}29L^4 + 0{,}22L^5 + \cdots)}$$

Si además hay rozamiento con la roca:

$$f = {}^{H}\!/_{(L^0 + 0{,}52L^1 + 0{,}33L^2 + 0{,}19L^3 + 0{,}11L^4 + 0{,}06L^5 + \cdots)}$$

¿Cómo interpretamos estos valores que están delante de L0, L1, etc.? En la primera expresión, 0.63 L1, significa que tan sólo el 63% de la longitud de cuerda entre el último seguro y el siguiente actúa de manera dinámica si roza con los mosquetones. Si además roza con la roca, en la segunda ecuación aparece como 0.52 L1, la cantidad de cuerda dinámica que actúa en ese tramo es tan sólo el 52%.

Otro detalle que se puede observar es cómo los términos que suman en el denominador van decreciendo seguro a seguro, desde el arnés del escalador que va de primero al aparato que le asegura en el arnés del compañero. Es por esto por lo que el que escala puede estar pidiendo cuerda porque no corre con facilidad y el compañero abajo no siente que la cuerda quiera correr. Debido a que ha ido perdiendo dinamismo en cada seguro, llegando a quedar frenada completamente en la quinta o sexta chapa.

Después de los seis primeros tramos de cuerda entre seguro y seguro, los términos a sumar, no merece la pena que aparezcan puesto que son prácticamente nulos.

Hay que reseñar en estas dos últimas fórmulas que en el caso en que el escalador solamente ha puesto un seguro antes de caerse el único término que contribuye en el denominador es L0, de modo que resultarían iguales los tres modos de calcular el factor de caída, pese a que puede que haya rozamiento entre la cuerda y la roca antes del primer seguro. Salvo esta excepción, las tres fórmulas serían iguales. Si, por el contrario, habiendo colocado seguros intermedios, pero sin considerar reseñable el rozamiento de la cuerda con ellos ni con la roca, es decir, colocados linealmente, se tomará también la fórmula teórica en lugar de la que da lugar si existen rozamientos.

Ya hemos dicho que el factor de caída real es generalmente mayor que el teórico, aunque no es el temido factor 2 el máximo valor que se puede llegar a dar como muchos escaladores piensan. Veamos algunos ejemplos y los valores que puede alcanzar el factor de caída.

Caso 1. Organización correcta de la cuerda

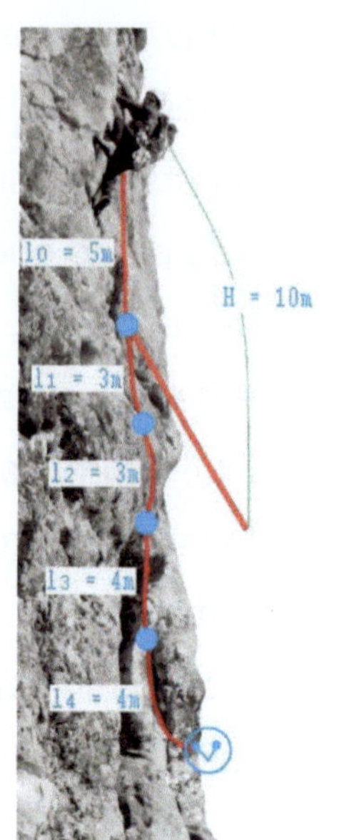

Cuando se organiza correctamente la cuerda a medida que se asciende a lo largo de la vía, al llegar a un punto donde el escalador cae, el factor de caída es el mínimo al que se expone, ya que toda la longitud de cuerda desplegada se utiliza dinámicamente para detener la caída.

Según los valores del esquema es:

$$f_{teórico} = \frac{H}{(L^0+L^1+L^2+L^3+L^4)} = 0{,}53$$

Caso 2. Rozamiento de la cuerda con las cintas exprés

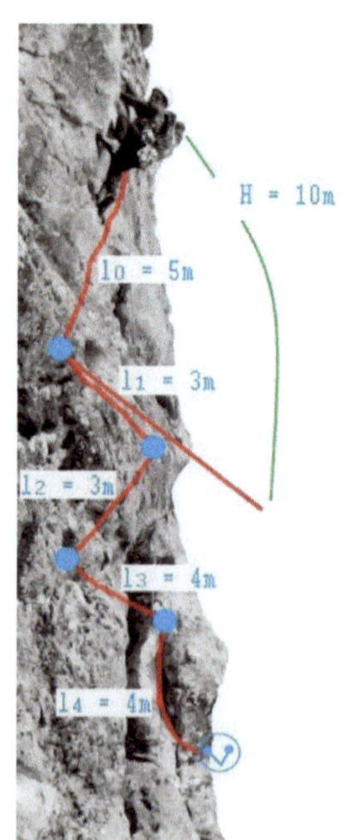

Si, por el contrario, no organizamos correctamente la cuerda colocando cintas express de la longitud adecuada para que la cuerda suba sin rozamientos en zig-zag, el factor de caída aumenta considerablemente ya que los rozamientos hacen que la cuerda no trabaje dinámicamente en toda la longitud desplegada.

En este caso el factor de caída es:

$$f_{real} = \frac{H}{(L^0+0{,}63L^1+0{,}49L^2+0{,}37L^3+0{,}29L^4)} = 0{,}91$$

Caso 3. Rozamiento de la cuerda con las cintas y la roca

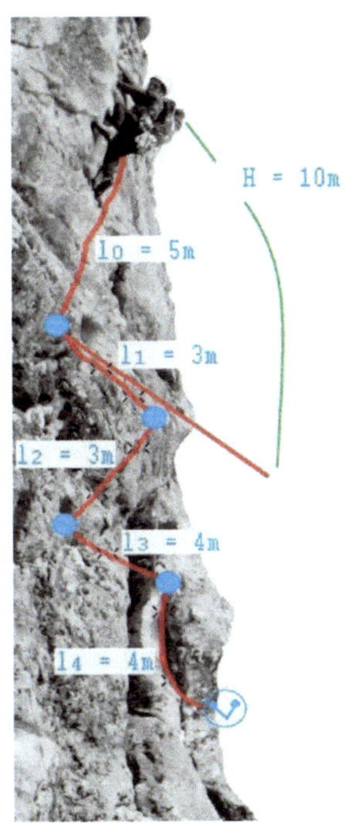

Si además existen rozamientos con la roca, algo que pocas veces se puede evitar, el dina- mismo que trabaja para retener una caída se ve muy limitado, y por tanto, el factor de caída aumenta más aún.

En el mismo caso que antes tendríamos:

$$f_{real} = \frac{H}{(L^0+0{,}52L^1+0{,}33L^2+0{,}19L^3+0{,}11L^4)} = 1{,}14$$

Es decir, que de una caída de factor 0.53, calculada de manera simple con el factor de caída teórico, pasamos a un factor 1.14 por no haber colocado correctamente la cuerda y tener además rozamientos con la roca.

Módulo de Young

Es sencillo calcular ahora la fuerza de choque que se le imprime al último seguro, a la reunión y al cuerpo del escalador si conocemos cual es el módulo de Young de la cuerda que estamos utilizando, que no es más que una medida de la rigidez de la cuerda.

Thomas Young (1773-1829).

Es merecido recordar también por estos estudios a, quien fue reconocido no tanto por el estudio de los sólidos, sino por el efecto de la doble rendija en el que aparecía la difracción de la luz, demostrando así su comportamiento ondulatorio.

Una contribución de vital importancia para comprensión (o incomprensión inherente) de la Física Cuántica.

El valor del módulo de Young nos indica cuanto puede absorber una cuerda, o dicho de otro modo, cómo de dinámica es. Se sabe muy bien cómo se utiliza una cuerda simple, doble o gemela, pero del cálculo del módulo de Young veremos además qué aparato será más recomendable utilizar con esa cuerda para no sobrepasar los límites de carga de los elementos de la cadena de seguridad.

De la ecuación de la fuerza de choque despejando el módulo de Young se obtiene:

$$K = \frac{mg}{2fS}\left[\left(\frac{F}{mg} - 1\right)^2 - 1\right]$$

Con esta expresión se puede hacer una tabla con los valores del módulo de Young de varias cuerdas en las que podamos ver en su etiqueta la fuerza de choque máxima. Esta fuerza de choque suele darla el fabricante para la primera caída de factor 1.77 para un escalador de 80kg, según los siguientes usos:

- **Cuerda simple:** F<12kN con factor 1.77 para un escalador de 80kg
- **Cuerda doble**: F<8kN con factor 1.77 para un escalador de 55kg con un cabo
- **Cuerda gemela:** F<12kN con factor 1.77 para un escalador de 80kg con dos cabos (tener en cuenta que con dos cabos se suman las superficies de ambas, lo que da un valor teórico del radio que es menor que el doble)

Hay que sustituir el valor de la sección de la cuerda, S = $\pi(D/2)^2$, donde D es el diámetro de un cabo de la cuerda. Y menciono especialmente "un cabo de la cuerda", porque para el caso de cuerdas gemelas, al usarse las dos a la vez en cada seguro, se hacen los cálculos sumando las superficies de las dos y extrayendo un hipotético diámetro para dicha superficie. Así dos cuerdas gemelas de 7.7mm de diámetro cada una, resultaría ser como una sola de 10.9mm.

Uso	Fchoque (N) máxima garantizada	Diámetro (mm)	K para f=1,77
cuerda simple (80Kg, un cabo)	7400	10,5	3,59E+08
cuerda doble (55Kg, un cabo	5300	9,0	3,68E+08
cuerda gemela (80Kg, dos cabos)	7400	10,9	3,34E+08

Es interesante ver ahora cómo varia la fuerza de choque, una vez conocidos todos los datos de la cuerda, en los diferentes casos reales que se puedan dar al escalar con una cuerda simple de 10,5mm, con un K= $3,59x10^{8}N/m^{2}$ y un escalador de 80Kg.

Recordemos que el límite máximo deseable para la fuerza de choque es de 12kN. Pero en el último seguro que nos ha de sujetar la caída los valores de fuerza de choque de la tabla anterior se ven incrementados sustancialmente por el sistema de aseguramiento o el llamado efecto polea.

5.- SISTEMAS DE ASEGURAMIENTO

En el mercado de material de montaña se pueden encontrar muchos aparatos de aseguramiento diferentes. Unos concebidos para asegurar de manera dinámica, es decir, que aún agarrando firmemente la cuerda, se oponen al movimiento de la cuerda durante la caída

Estos dispositivos frenan más lentamente pero con menos resistencia en el último seguro, como pueden ser el *Reverso® de Petzl*, el *ATC® de Black Diamond*, y casi todos los tipos de cestas, así como también un simple descensor de ocho (nada recomendado actualmente para aseguramientos) o un nudo dinámico sobre un mosquetón HMS.

O también se pueden encontrar diferentes dispositivos de aseguramiento más estático como el *Gri-Gri®,* también de la casa Petzl, o el *SUM* de Faders. Todos ellos tienen algún tipo de leva que estrangula la cuerda cuando esta se acciona súbitamente al caer el escalador al que se asegura.

Y por último se encuentra algún invento combinado como el *Alpine-up®* del fabricante ***Climbing Technology*** que dispone de una pletina de plástico que permite el aseguramiento estático o dinámico al primero.

Otro aspecto en el que inciden los fabricantes en el diseño de sus aparatos, por normativa de seguridad, es en el ángulo límite entre la cuerda de salida del aparato y el cabo libre controlado por la mano del asegurador. Este ángulo es crucial para que el rozamiento de la cuerda en el dispositivo sea óptimo.

En cualquier caso, todos estos dispositivos tienen como funciones principales:

- Ofrecer al primero de cordada un aseguramiento en virtud al rozamiento y/o estrangulamiento de la cuerda, de modo que sirva de freno a una posible caída del primero.
- Asegurar siempre de manera estática al segundo de cordada.
- Descender de manera asistida al primero.
- Rapelar. Aunque algunos dispositivos permitan hacerlo en doble, con dos cabos de cuerda (los dinámicos) o en simple, con un solo cabo (alguno de los estáticos).

El efecto polea

El efecto polea interviene cuando el escalador, en una caída, golpea a través de la cuerda en el último seguro. Aparece en ese seguro una fuerza de choque del escalador, que cae F_e, y otra igual desde el asegurador F_a que se opone a ella para intentar frenar la caída de su compañero.

Estas dos fuerzas se suman vectorialmente en el último seguro. Se tendrá que ver qué valores puede llegar a alcanzar esta fuerza de choque total en función de los distintos aparatos y sistemas de aseguramiento y en qué valores puede llegar a estar el seguro en riesgo de rotura.

Evidentemente un aparato más dinámico hace que en el último seguro la fuerza se vaya disipando a medida que se deja correr la cuerda por él y que con ello haya más metros de cuerda para absorber esa caída. Recordemos que la energía, en este caso de absorción, de un sistema sometido a una fuerza, como es la fuerza de absorción, es:

$$E_{absorción} = F_a \cdot d$$

Donde d es la distancia en la que actúa la fuerza Fa, por lo que más distancia de frenado es más energía absorbida.

O dicho de otro modo, toda la energía potencial disponible en una caída, que necesite absorber el aparato, que por su diseño de fabricación tendrá una fuerza de absorción dada, y solo podrá ser absorbida gracias a un mayor valor de la distancia de frenado.

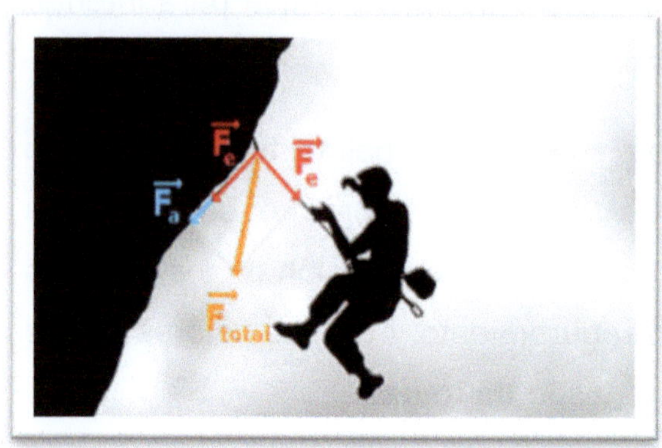

Gracias esta fuerza de absorción, la fuerza de choque total en el último seguro debido al efecto polea es menor con fuerzas de absorción pequeñas como las de los dispositivos dinámicos y mayor con dispositivos estáticos. Podemos resumir el efecto polea en el último seguro como la siguiente suma vectorial de fuerzas:

$$\overrightarrow{F_{total}} = \overrightarrow{F_e} + \overrightarrow{F_e + F_a}$$

Se puede calcular la magnitud de esta fuerza total, conociendo el ángulo que forman los dos vectores principales que se suman. Si promediamos los valores que puede tomar el coseno en un rango de caídas que pueda ir desde 90° hasta 0°, se obtiene 2/π. Y mediante el teorema del coseno:

$$F_{total} = \sqrt{F_e^2 + (F_e + F_a)^2 - 2F_eF_a \cos\alpha} =$$

$$= \sqrt{F_e^2 + (F_e + F_a)^2 - F_eF_a\, {}^4/_{\pi}}$$

Esta fuerza total aparece siempre en el último seguro, al tensarse la cuerda en la caída, y le perjud el término F_a con el que contribuye el asegurador, si F_a es grande y menos si F_a es pequeño, ya que viene sumando. La habilidad del escalador y del asegurador estará, por tanto, en intentar encontrar un equilibrio entre frenar la caída y proteger ese seguro en caso de que tenga poca resistencia, como puede ser un fisurero, friend, clavo, spit, etc…

Ghiyath al-Kashi (1380-1429)

El teorema del coseno es una generalización del Teorema de Pitágoras, para triágulos no rectángulos. Y su aportación se la debemos a este astrónomo y matemático persa, además de otras como el cálculo de 16 decimales exactos del número π, que no consiguió mejorarse hasta 200 años después.

Si evaluamos los distintos factores de caída y la fuerza total a las que está sometido ese último seguro vemos que hay casos en los que esos valores rondan cifras muy peligrosas, como puede verse en la siguiente tabla, que se ha configurado con las fuerzas de absorción de diferentes dispositivos de freno, según aparece en la ficha técnica de cada uno de ellos:

- Nudo dinámico sobre mosquetón HMS: F_a = 3kN
- Cesta uso en doble, tipo *Reverso*®: F_a = 5 – 5.5kN
- Dispositivo estático, tipo *Gri-Gri*®: F_a = 9kN

factor de caída	f1	f2	f3	f4	f5	f6	f7	f8	f9
	0,25	0,50	0,75	1,00	1,25	1,50	1,75	2,00	2,25

fuerza de choque (en kN)	F1	F2	F3	F4	F5	F6	F7	F8	F9
	4,4	5,8	6,9	7,8	8,6	9,4	10,1	10,7	11,3

Efecto polea: fuerza de choque total según el aparato de aseguramiento (en kN)									
nudo dinámico 3 kN	8,5	10,5	12,0	13,3	14,4	15,5	16,4	17,3	18,2
cesta o reverso 5 kN	10,3	12,2	13,7	15,0	16,1	17,1	18,1	19,0	19,8
grigri o soloist 9 kN	14,0	15,8	17,3	18,5	19,6	20,6	21,5	22,4	23,2
Evaluación del riesgo	Caídas leves			Caídas graves			Caídas muy graves		

Esta fuerza de choque total solamente indica hasta donde funciona la cuerda en régimen elástico, aunque no es su límite elástico. Y no implica tampoco que con más fuerza de choque la cuerda se rompa, aunque sí es cierto que se puede debilitar y que después de cierto número de caídas de esta gravedad (factor 1.77) es posible que sí se vayan rompiendo algunas fibras en el alma de la cuerda.

Recordemos que un parabolt, un mosquetón, la cinta express y la mayoría de los elementos de la cadena de seguridad tienen un límite de carga cercano a los 21kN y un fisurero o un friend puede aguantar tan sólo entre 5 y 10kN, lo cual resulta del todo insuficiente para la mayoría de las caídas, de modo que si no salta por su mal emplazamiento en la roca puede llegar a romperse la soldadura del cable, que es lo que realmente da su resistencia, e ir descosiendo la vía durante la caída. Los valores marcados en rojo son los cercanos al límite de rotura de la mayoría de estos elementos.

Es por este motivo por el que en función del equipamiento de los largos, o al menos del largo peor equipado, elegiremos un tipo de aseguramiento u otro, que será:

- Para vías equipadas con químicos o parabolts donde los factores de caída nunca suelen superar el valor 1 se puede escalar con cuerda simple y asegurar con un sistema estático como el Gri-gri.
- En vías alpinas o donde los seguros son más precarios (pitones, buriles, fisureros, friends o tornillos de hielo) es necesario un aseguramiento dinámico con doble cuerda o gemela. Por supuesto, el uso de la doble cuerda debe ser correcto, pasando cada seguro lo más alternativamente posible por cada una de ellas. Pasar las dos cuerdas dobles a la vez, como si

tuvieran un comportamiento de gemelas, ofrece una fuerza de choque a cada seguro muy superior al que haría una cuerda simple.

No obstante, siempre se aconseja que pasemos las dos cuerdas dobles por el mosquetón HMS del centro de la reunión – mosquetón madre – antes de iniciar el largo, para de esta forma reducir el factor 2.

Elegir el sistema de aseguramiento

Al ver estos resultados, comprendemos que, aunque la cuerda sea dinámica tiene ciertas limitaciones para absorber toda la energía necesaria. Además, como todo el mundo sabe, la vida útil de una cuerda no es eterna, de modo que la cuidaremos mejor cuanto menor esfuerzo le hagamos realizar. Esto no quiere decir que caerse sea fatal, sino que el sistema de aseguramiento ayuda a absorber más energía y por tanto a que la cuerda, y a través de ella nuestro cuerpo, absorba menos.

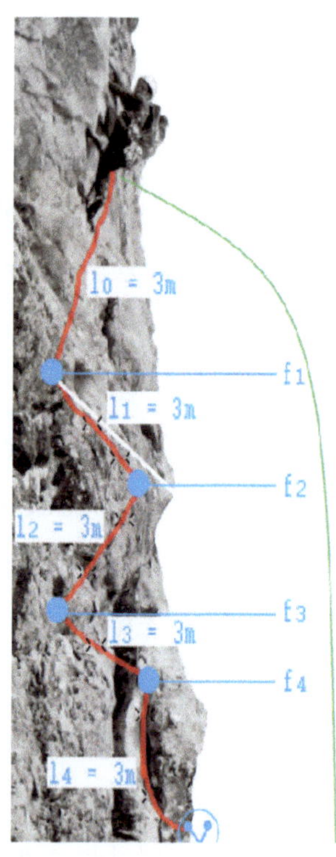

Estudiemos ahora qué sucede cuando después de la caída el escalador va rompiendo los seguros que fue colocando, haciendo lo que comúnmente se llama "*cremallera*", suponiendo el peor de los casos en que la cuerda rozase con todos los seguros y con la roca. Como en los ejemplos anteriores supongamos que está asegurado por su compañero con un aparato estático como el *Gri-Gri®*, por ejemplo, y colocando seguros cada 3 metros.

Después de haber colocado el cuarto, sube 3 metros más y se cae. Los diferentes factores de caída y la fuerza de choque asociada a cada uno son los siguientes:

Caída sobre el seguro	Factor de caída	Fuerza de choque total
1º	0.93	18.2 kN
2º	0.66	16.8 kN
3º	0.52	15.9 kN
4º	0.40	15.2 kN
reunión	0.40	5.3 kN

El factor de caída hasta el tercer seguro está calculado con la segunda fórmula real, mientras que cuando golpea sobre el cuarto seguro ya no hay rozamientos en zig-zag, aunque puede que sí los haya sobre la roca, y se ha calculado con la fórmula teórica al igual que la caída sobre la reunión. Aunque se ve que al romper los seguros la caída es sucesivamente más grande, en lo que atañe al choque con el siguiente seguro es siempre de 6m más aproximadamente. Es lógico que caídas con una fuerza de choque total sobre el último seguro de más de 15kN rompa el seguro si era un fisurero, un pitón mal emplazado u oxidado, o un buril viejo.

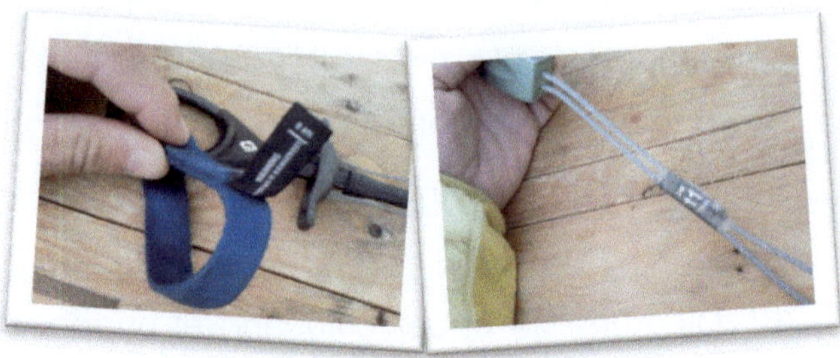

El límite de rotura de muchos fisureros está entre 5 y 15 kN, de modo que lo más probable es que el 4° seguro aguantase la caída o en su defecto la reunión, sobre la que el anillo de cinta aguantará cerca de 20kN y cada seguro recibirá a partes iguales un máximo de 2.7kN cada uno. La fuerza de choque sobre la reunión no se calcula con el efecto polea, ya que no hay más seguros que hagan polea, sino que la fuerza de choque es la que le imprime directamente el escalador al caer sobre ella.

Pero no todo tiene que ser tan trágico. Existen maneras de reducir un efecto polea excesivo en el último seguro en incluso en el asegurador. Gracias a sistemas dinámicos, que aún a costa de hacer que el escalador caiga más distancia, evitamos con ellos que la fuerza de choque total haga saltar el seguro. Cuando trasladamos esto al problema de escalar asegurados por un aparato estático vemos que la solución para reducir el efecto polea no está en el *Grigri®* sino en la aptitud del asegurador en la reunión inferior o el suelo y en el último seguro.

Es cierto que ese último seguro nunca se sabe cuál va a ser, aunque se puede intuir cual es el paso más duro o dónde hay más probabilidades de caída. Y es en estos puntos donde se puede reforzar o instalar en él un sistema más dinámico que una simple cinta express, como es una cinta disipadora o un sistema de fortuna que haga aumentar la longitud de la caída pero que no haga subir excesivamente la fuerza de choque total en ese seguro.

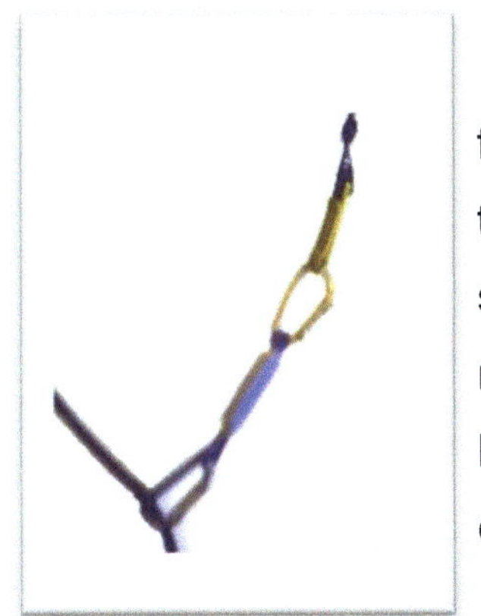

Las cintas disipadoras soportan una fuerza de unos 22kN cuando están totalmente estiradas, pero para romper sus costuras van absorbiendo fuerza a medida que se estiran. En total pueden llegar a absorber entre 3 y 5kN antes de estirarse completamente.

Un sistema de dos mosquetones de seguridad con dos nudos dinámicos como se observa en la foto puede absorber también cerca de 3kN y un absorbedor tipo vía ferrata colocado en la reunión puede absorber hasta 6kN (norma UIAA 128 o EN 958). En el ejemplo anterior, si se hubieran colocado cintas disipadoras en cada uno de los seguros y también en la reunión las fuerzas de choque en cada cinta express hubieran sido:

Caída sobre el seguro	Factor de caída	Fuerza de choque total
1º	0.93	18.2 kN - 3 kN = 15.2 kN
2º	0.66	16.8 kN - 3 kN = 13.8 kN
3º	0.52	15.9 kN - 3 kN = 12.9 kN
4º	0.40	15.2 kN - 3 kN = 12.2 kN
reunión	0.40	5.3 kN - 5 kN = 0.3 kN

Donde lo más probable es que si el 2º seguro estaba correctamente colocado hubiera soportado los 13.8kN de choque. Y en el peor de los casos la reunión sólo habría tenido que soportar 0.3kN en total o 0.17kN cada seguro.

Igualmente, si la aptitud del asegurador es estar constantemente dispuesto a dinamizar la caída de su compañero, aunque tan sólo sean 25cm, supone un enorme alivio al efecto polea. El aseguramiento al primero se realiza, como ya se debe saber, en el arnés. Y es cómodo para el primero, que su compañero le deje un poco de comba en la cuerda para que pueda fluir en su ascensión, e incluso para que sume centímetros al numerador del factor de caída, y que con ello su valor total permanezca más bajo. Igualmente, dar un pequeño saltito o amago de acercarse a la reunión de tan solo 20 o 25cm

En el ejemplo anterior, esta manera de asegurar puede proporcionar, dependiendo del peso del asegurador y la distancia que dinamice, aproximadamente 3-4kN menos. Así, el primer seguro ya no deberá aguantar 15.2kN, sino poco más de 12kN, que posiblemente sea suficiente para que no salte.

6.- LA PARTE PRÁCTICA DE LA TEORÍA

Ya tenemos prácticamente todos los ingredientes, con sus principios físicos y sus teoremas matemáticos, para conocer la potencialidad del equipamiento de escalada, y la manera más segura de utilizarlo. Como se dijo al principio, no es necesaria tanta teoría física, y de hecho las instrucciones de los materiales que se usan en la escalada no ahondan, en realidad ni siquiera rascan la superficie, en el fundamento por el cual están diseñados.

Aunque sí nos advierte del uso más correcto, que no es otro que aquel bajo el que ha ideado bajo una óptica científica. Me refiero, por ejemplo, al uso en simple, doble o gemelas, de las cuerdas. A la resistencia longitudinal o transversal de los mosquetones. O al ángulo óptimo de la cinta de reunión para triangularla.

Model	Standard	Type	Impact force UIAA Laboratory	BEAL guaranteed impact force	Number of falls UIAA Laboratory	Number of falls BEAL Guaranty
ZENITH 9,5 mm	EN 892	1	7 - 7,3kN	7,5 kN	7	6
KARMA 9,8 mm	EN 892	1	7,1 - 7,2kN	7,5 kN	8 - 9	7
VIRUS 10 mm	EN 892	1	7,4 - 7,6kN	7,8 kN	8 - 9	8
ANTIDOTE 10,2 mm	EN 892	1	7,4 - 7,6kN	7,8 kN	9 - 10	8
LEGEND 8,3 mm	EN 892	1/2	5 - 5,2 kN	5,3 kN	13 - 15	13
DIABLO 9,8 mm UNICORE	EN 892	1	7,90 - 8,00kN	8,2 kN	5 - 6	5
DIABLO 10,2 mm UNICORE	EN 892	1	7,90 - 8,20kN	8,4 kN	7	6
FERRATA 28 M 9,4 mm	EN 892	1	7,60 - 7,80kN	8,2 kN	8 - 9	6

Pero unos cuantos consejos de uso puede que sirvan para escalar con seguridad. Quizá, y esa es la intención de esta obra, no sean suficientes para alguien tan comprometido con la escalada como para procurar comprender qué más hay bajo estos consejos:

- Usar cuerdas de baja fuerza de choque.

  La fuerza de choque está directamente relacionada con el dinamismo de la cuerda, y en muchas ocasiones con el diámetro. Por lo que actualmente tenemos cuerdas simples de entre 9 y 10,5mm que ofrecen una fuerza de choque baja, para que el escalador amortigüe las caídas al máximo.

  Por otra parte, la tendencia a construir cuerdas con diámetros cada vez menores ha propiciado también la fabricación de aparatos de aseguramiento apropiados a dichas cuerdas. Con ello hemos ganado en ligereza y rapidez en nuestras escaladas.

- Evitar el zig-zag de la cuerda con cintas largas.

  Uno de los mayores enemigos de las cuerdas es el rozamiento que pueda tener con la roca. Y si además roza excesivamente en las cintas express la progresión llega a ser bastante tediosa.

En muchas ocasiones la estrategia de escalada nos aconseja empalmar dos largos o incluso escalar en ensamble en una zona fácil y controlada. Es en estos casos en los que se debe observar con más esmero la colocación de seguros (o incluso la no colocación) a fin de que la cuerda corra por ellos con más libertad, y con ella la persona que escalada de primero.

- Instalar cintas disipadoras en los seguros dudosos o expuestos.

  Acometer un paso duro, expuesto o de roca de dudosa estabilidad supone siempre un plus de riesgo a tener una caída. Es posible que incluso no exista en el paso un seguro lo suficientemente fiable y se tenga que chapar la cuerda en algo, como un buril oxidado, un clavo a medio meter o un microfisurero porque no entra nada más. Es de esos momentos en los que uno piensa que ese seguro no aguantará una caída, lo que familiarmente se llama "seguro psicológico".

  Como hemos visto, proteger ese seguro precario con una cinta disipadora hará que sea menos precario, y que podamos acometer el paso con un poco más de confianza, y que realmente aguantará una posible caída mucho mejor que si no se pone.

Por tanto, de un conjunto de entre 12 y 16 cintas express que llevamos en el arnés, al menos, dos de ellas deberían ser disipadoras en vías con equipamiento de quita y pon, o en vías equipadas con alejes significativos.

- Utilizar el aparato de aseguramiento acorde a la resistencia de los seguros intermedios.

Según se ha visto en el capítulo anterior, el efecto polea aparece en el último seguro que nos aguanta la caída, y viene potenciado por el aparato de aseguramiento. Por tanto, se debe usar:

- Un aparato estático para cuerda simple del tipo Gri-Gri, SUM, etc…, cuando la vía esté equipada a base de seguros fijos de calidad: parabolts o químicos
- Un dispositivo dinámico para cuerdas dobles o gemelas del tipo Reverso, ATC, etc…, cuando la vía no esté

equipada, existan alejes importantes de seguro a seguro, tenga seguros fijos de dudosa calidad o simplemente cuando deseemos escalar en doble por motivos estratégicos: cordadas de tres personas, abandonos de la vía, líneas de rápel que aconsejen dos cuerdas, etc...

- Mantener el asegurador en todo momento la atención para dinamizar una posible caída del primero.

  Saber caer cuando se escala de primero es una habilidad que se debería entrenar, pero asegurar correctamente mucho más. El papel del asegurador es fundamental para que el primero no tenga más que preocuparse de escalar, y sus tareas son:

  - Dar cuerda al primero en la justa medida. Dejar la cuerda demasiado justa impide al primero escalar y chapar con soltura. Según se ha visto en los cálculos del factor de caída, es menos grave caer un metro más que un metro menos, por lo que no se debe tener miedo a dejar una comba de un metro o algo menos para que el primero escale con más soltura.

- Recoger el sobrante de cuerda si observamos que el primero acaba de chapar por encima de él y se encuentra en un paso duro.
- Estar concentrado en la progresión de su compañero para dinamizar una posible caída. Es decir, acompañar levemente con el cuerpo la resistencia de frenado agarrando firmemente el cabo libre de la cuerda.

$F_{total} = \sqrt{F_e^2 + (F_e + F_a)^2 - 2\cos\alpha}$
$F = mg + mg\sqrt{1 + \frac{2KSf}{mg}}$
$(L_0 + 0.63L_1 + 0.49L_2 + 0.37L_3 + 0.29L_4 + 0.22L_5$

ANEXO 1 – Fuerza de choque en vías ferratas y trabajos verticales

Al analizar la Fuerza de Choque en las caídas de escalada se ha tenido en cuenta que el escenario de la caída es el típico de escalada. Sin embargo, hay otras situaciones que merece la pena estudiar: las caídas en vías ferratas o en trabajos verticales.

Es un caso especialmente interesante, puesto que los factores de caída pueden superar el temido factor 2, pudiéndose dar valores de factor 3, 4…

En este estudio se analiza cómo de graves pueden ser las caídas sobre el sistema anticaídas, que según el standard IRATA (asociación internacional que regula las técnicas de trabajos verticales), consta de ASAP + absorbedor de energía.

Una vez evaluadas las fuerzas de choque a las que un trabajador puede estar expuesto se puede hacer una evaluación del riesgo, donde el peligro a mitigar vendrá determinado por los límites de carga a los que puede trabajar el ASAP de manera segura.

Para ello supondremos a un trabajador que por cualquier tipo de eventualidad pueda sufrir una caída sobre la cuerda de seguridad, ya sea por la rotura de la cuerda de trabajo, una maniobra inadecuada o cualquier otra situación.

Factor de caída como valor natural de la fuerza de choque

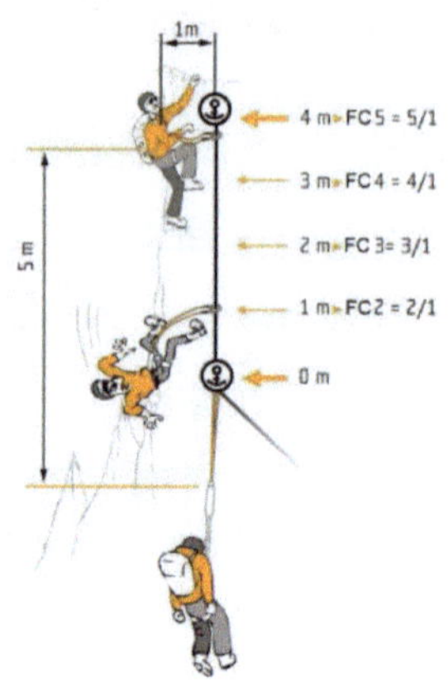

El balance de energía en un punto nos da que antes de caer el trabajador, su energía potencial es V=mgh, donde h es la altura potencial que puede caer. En cualquier punto x, esta energía será además de la potencial la que adquiere al estar atado a un sistema elástico, como es la cuerda. Según la ley de Hooke, ésta es

F = - kx.

Por tanto el balance energético en cualquier punto x determina la ecuación del movimiento, que es:

$$mgh = -mgx + \int_0^{x_{max}} F(x)dx \quad con\, F(x) = kx\ (Ley\ de\ Hooke)$$

$$mgh = -mgx_{max} + \frac{1}{2}kx_{max}{}^2$$

Con $\mathrm{k} = {}^{\mathrm{KS}}/_{\mathrm{L}}$, siendo K el módulo de Young que nos indica la capacidad elástica de la cuerda, S la sección de cuerda, y L la longitud de cuerda sobre la que el trabajador cae, que normalmente es la distancia del anillo pectoral del arnés al ASAP.

En el punto x_{max} donde el trabajador detiene la caída viene también determinado por la fuerza máxima en este punto, que es lo que se llama Fuerza de choque:

$$F_{max} = F_{choq} = kx_{max}$$

o bien, $F_{choq} = \frac{KS}{L} x_{max} \rightarrow x_{max} = \frac{L}{KS} F_{choq}$

Se sustituye en nuestra ecuación, y queda:

$$mgh = -mg\frac{L}{KS}F_{choq} + \frac{1}{2}\frac{L}{KS}F_{choq}{}^2 \rightarrow$$

$$\rightarrow mgKS\frac{h}{L} = -mgF_{choq} + \frac{1}{2}F_{choq}{}^2$$

La solución de una ecuación de segundo grado del tipo $ax^2 + bx + c = 0$ es $x = \frac{-b \pm \sqrt{b^2 - 4ac}}{2a}$. En este caso, la solución negativa no hace falta, por lo que resulta:

$$F_{choq} = mg + mg\sqrt{1 + \frac{2KS}{mg}f}$$

Con S, la superficie o sección de la cuerda. Es más útil ponerlo en función del diámetro D mediante $S = \pi r^2 = \frac{\pi D^2}{4}$.

Por otra parte $f = {}^{h}/_{L}$ (altura de la caída dividida por la longitud de cuerda disponible en la caída) es lo que se llama factor de caída, que aparece de manera natural en la ecuación.

Pero si bien la caída es detenida por el ASAP en su unión al arnés del trabajador, la longitud L de la cuerda se refiere al tramo de la cuerda de seguridad que amortigua la caída, es decir, desde el ASAP hasta la instalación. Para tener en cuenta la caída se he de introducir el "factor de caída reducido fr": $\mathrm{f_r} = \mathrm{h/d}$, donde h es la caída del trabajador y d la distancia del ASAP al arnés. Luego la fuerza de choque queda:

$$F_{choq} = mg\left[1 + \sqrt{1 + \frac{K\pi D^2}{2mg}\frac{d}{L}f_r}\right]$$

Módulo de Young para cuerdas tipo A y la norma EN-1891

De la ecuación de la fuerza de choque podemos extraer el valor del módulo de Young K, como:

$$K = \frac{2mgd}{\pi D^2 L f_r}\left[\left(\frac{F_{choq}}{mg} - 1\right)^2 - 1\right]$$

Se puede calcular el valor de K, teniendo en cuenta que la norma EN-1891 A, especifica que las cuerdas semiestáticas tipo A son testadas con una masa de 100Kg, un factor de caída f=0,3 y deben tener una fuerza de choque inferior a 6kN = 6000N. Suponiendo que nuestra cuerda de trabajo es de 10.5mm de diámetro (o bien 0.0105m) y que d/L=1, se obtiene que el módulo de Young es K = 476087534 N/m2 .

Algunos valores de la fuerza de choque

Ya tenemos todos los ingredientes para calcular algunos valores de la fuerza de choque en función del factor de caída f, es decir, en función de dónde está colocado el ASAP antes de la caída.

En el caso A, si el trabajador mantiene alto el ASAP tendrá un factor de caída nulo. En el caso B, normalmente manteniendo el absorbedor por encima del hombro, se mantendrá el factor de caída en 1 (para el cual han sido testadas las cuerdas tipo A según la norma EN-1891). Y en el peor de los casos, cuando el trabajador deja olvidado su ASAP abajo, se pueden tener factores de caída cercanos a 2, puesto que la caída es aproximadamente el doble de la distancia al ASAP.

La tabla nos muestra los diferentes valores.

f	0	0.2	0.4	0.6	0.8	1.0	1.2	1.4	1.6	1.8	2.0
F_{choq}(kN), L=1m	1.96	6.75	9.08	10.86	12.39	13.73	14.94	16.05	17.09	18.06	18.98
Riesgo											
F_{choq}(kN), L=2,5m	1.96	4.71	6.16	7.28	8.24	9.08	9.84	10.54	11.20	11.81	12.39
Riesgo											
F_{choq}(kN), L=5m	1.96	3.70	4.70	5.49	6.16	6.75	7.28	7.78	8.23	8.67	9.07
Riesgo											
F_{choq}(kN), L=10m	1.96	3.03	3.70	4.24	4.71	5.12	5.49	5.84	6.16	6.46	6.75
Riesgo											

Evaluación del riesgo: Bajo 0-4 Medio 4-6 Alto 6-10 Muy alto >10

Sistema de absorción de energía como sistema de re-aseguro

El ASAP, con norma EN-12841-A, dispone de un mecanismo dentado que se acciona al recibir un fuerte tirón. El test de la noma EN pone el límite de frenado en 6kN, por lo que a la vista de la tabla anterior, los factores de caída por encima de 1 son extremadamente peligrosos.

La manera de evitarlo es unir el ASAP a una cinta absorbedora de energía, cuya norma EN-355 garantiza una absorción de 6kN también, en dos costuras independientes que empiezan a descoserse a 3kN de fuerza. Es decir, que los valores de la fuerza de choque por debajo de 3kN son absorbidos directamente en el arnés pectoral y el cuerpo del trabajador, y por encima de ese valor, la cinta disipadora comienza a funcionar, de la siguiente manera:

$$F_{choq\,real} = \begin{cases} F_{choq}, & si\ F_{choq} < 3kN \\ F_{choq} - 3kN, & si\ F_{choq} < 6kN \\ F_{choq} - 6kN, & si\ F_{choq} \gg 6kN \end{cases}$$

Con lo que obtenemos la siguiente tabla para la Fuerza de choque real en tres situaciones diferentes: a 1m de la reunión, a 5m y a 10m. Se puede ver claramente que cuanta más cuerda se tenga por encima de la caída más dinámica será la caída, como es lógico.

f	0	0.2	0.4	0.6	0.8	1.0	1.2	1.4	1.6	1.8	2.0
$F_{choq\ real}$(kN), L=1m	1.96	0.75	3.08	4.86	6.39	7.73	8.94	10.05	11.09	12.06	13.98
Nº costuras	0	2ª	2ª	2ª	2ª	1ª	2ª	2ª	2ª	2ª	2ª
Riesgo											
$F_{choq\ real}$(kN), L=2,5m	1.96	1.71	0.16	1.28	2.24	3.08	3.84	4.54	5.20	5.81	6.39
Nº costuras	0	1ª	2ª	2ª	2ª	2ª	2ª	2ª	2ª	2ª	2ª
Riesgo											
$F_{choq\ real}$(kN), L=5m	1.96	0.70	1.70	2.49	0.16	0.75	1.28	1.78	2.23	2.67	3.07
Nº costuras	0	1ª	1ª	1ª	2ª	2ª	2ª	2ª	2ª	2ª	2ª
Riesgo											
$F_{choq\ real}$(kN), L=10m	1.96	0.03	0.70	1.24	1.71	2.12	2.49	2.84	0.16	0.46	0.75
Nº costuras	0	1ª	1ª	1ª	1ª	1ª	1ª	1ª	2ª	2ª	2ª
Riesgo											

Casos especiales: 1.- Factores de caída superiores a 2

Veremos ahora algunos casos especialmente peligrosos. El primero de ellos, si bien no es muy habitual que se produzca, potencialmente supone un peligro real. Los factores de caída superiores a 2. En la escalada en roca, al estar el escalador atado al extremo de la cuerda, la caída raramente supera el factor 2, pero en las vías ferratas es normal exponerse a factores de caída de 2, 3 e incluso 5. Evidentemente, al igual que en los trabajos de acceso por cuerdas estos valores tan altos, y consecuentemente fuerzas de choque elevadas se pueden evitar con el uso de absorbedores de energía.

En los trabajos verticales se produce una situación en la que el trabajador olvida subir el ASAP o bien el peso del propio aparato se va cayendo si lo dejamos bloqueado. Supondremos a un trabajador que tiene el ASAP abajo, y que cuando se le rompe la cuerda de trabajo el peso del ASAP hace que caiga unos 30cm hasta que el impacto acciona el mecanismo de frenado.

En este caso, el factor de caída, para una caída h, y L=50cm la longitud del ASAP al anillo pectoral del arnés es:

$$f = \frac{h}{L} = \frac{caída\, real}{longitud\ al\ ASAP} = \frac{2L + 30cm}{L} = \frac{130}{50} = 2.6$$

La fuerza de choque para este factor de caída, con los datos de la cuerda que hemos considerado anteriormente es $\mathrm{F_{choq}} = 8979\mathrm{N} = 8.98\mathrm{kN}$, lo cual rompería hasta la segunda costura del absorbedor de energía hasta los 6kN, y quedaría en una fuerza de choque real de $\mathrm{F_{choq\,real}} = 8.98\mathrm{kN} - 6\mathrm{kN} = 2.98\mathrm{kN}$, que supone un riesgo cercano al grado medio de rotura de la cuerda.

Casos especiales: 1.- Caídas sobre cuerda tensa

Esta situación aunque pueda parecer poco frecuente, se puede producir con gran probabilidad en situaciones de rescate cuando se utilizan las mismas cuerdas que las de la víctima.

El escenario es el siguiente; un trabajador sufre un percance quedando bloqueado en su cuerda de trabajo. El rescatador puede optar por varias maniobras de rescate, ya sea izando al herido, trasladándolo por una tirolina o accediendo a él por arriba o por abajo, entre otras. Una de ellas sería descender por la cuerda de seguridad de la víctima y conectar su anticaídas en la cuerda de trabajo que se encuentra en tensión debido que el herido se encuentra en ella.

Una cuerda tensa, que está en su límite de estiramiento estático tiene muy poco margen de dinamismo extra, como en el que caso que se estudia, por lo que la absorción de la caída responderá completamente al sistema anticaídas.

Según los datos del fabricante de la cinta absorbedora Absórbica L52, se estira 1.5m bajo una carga de 6kN (cercano a 600kg de fuerza). Luego según la ley de Hooke:

$$F_{choq} = kx_{max} \rightarrow k = \frac{F_{choq}}{x_{max}} = \frac{6000N}{1{,}5m} = 4000N/m$$

> **Nota:** Este valor es muchísimo más bajo que el que se obtuvo para la cuerda semiestática tipo A, que era de unos 20612N/n. Es decir, mucho más dinámico y por tanto saldrán valores de fuerza de choque más bajos.

Y podemos poner la fuerza de choque en función de este valor, en lugar del módulo de Young, puesto que el diámetro de la cuerda, al estar tensa, no nos interesa, como:

$$F_{choq} = mg + mg\sqrt{1 + \frac{2kfL}{mg}}$$

L es la longitud del sistema de absorción de energía, desde la conexión a la cuerda tensa con el ASAP, hasta la anilla pectoral del arnés. Se puede estimar en 60cm. Por tanto obtenemos la tabla:

f	0	0.2	0.4	0.6	0.8	1.0	1.2	1.4	1.6	1.8	2.0
F_{choq}(kN)	1.96	2.36	2.67	2.92	3.15	3.36	3.55	3.73	3.89	4.05	4.2
F_{choq}(kgf)	200	241	272	298	321	343	362	380	397	413	428
Riesgo	Bajo	Bajo	Bajo	Bajo	Medio	Medio	Medio	Medio	Medio	Medio	Medio

Aunque esta tabla muestra valores asumibles para la situación que analizamos, los resultados de un test realizados por BARA, la Asociación Danesa de trabajos verticales, en 2012 mostró que para diferentes aparatos que cumplían con la norma eran incapaces de detener una caída cuando la cuerda sobre la que actuaban está en tensión, a excepción del ASAP de Petzl.

Conclusiones

Después de evaluar los peligros, ante los cálculos de cada situación en cuanto a los factores de caída y las fuerzas de choque se pueden dar las siguientes recomendaciones, basadas en los pocos elementos que intervienen en el estudio de las caídas sobre la cuerda de seguridad:

- cuerda y su instalación en la estructura de trabajo
- ASAP® y absorbedor de energía
- Arnés de trabajo
- Cow-tails

A fin de resumir las medidas a observar, se pueden dar las siguientes:

1. Procurar mantener en todo momento los elementos de seguridad que procuren factores de caída bajos, menores a 1. Estos elementos serán el ASAP®, nudo de mariposa o RESCUCENDER®.
2. Revisar antes de cada uso el EPI, poniendo especial atención a estos elementos de seguridad:
    - Arnés
    - ASAP®
    - absorbedor de energía
    - mosquetones
    - cuerda de seguridad, puesto que ello mantiene fuerzas de choque potenciales en valores bajos.
3. Instalar las reuniones de manera redundante en puntos independientes o conectados de modo que el uso eventual de la cuerda de seguridad se realice con absoluta garantía.
4. Evitar roces entre las cuerdas y con la estructura de trabajo. Si no fuera posible instalar protecciones. Caer sobre una cuerda de seguridad levemente dañada, terminará de dañarla haciendo inefectiva su función.
5. Realizar una evaluación de riesgos para planificar posibles medidas de rescate, cambios en las instalaciones, y todas aquellas medidas correctoras necesarias en el transcurso de los trabajos.